Rolf Schröder

Numerik-Praktikum mit VISU

Das umfangreiche Softwarepaket
zur Visualisierung Numerischer Mathematik
für Mathematiker, Naturwissenschaftler, Ingenieure

Software

Vieweg DeskManager
Eine menügesteuerte Benutzeroberfläche für die effektive
Festplattenorganisation mit Datensicherung
von Karl Scheurer

Vieweg GraphikManager: ARA
Ein kompaktes speicherresidentes Graphikprogramm
für die EGA-Graphikkarte
von Markus Weber

Vieweg WindowManager: Tools
Eine Entwicklungsumgebung in Turbo C für komplexe
Menüstrukturen und Fenstersysteme mit Maussteuerung
von Andreas Dripke (Hrsg.)

Vieweg DisplayManager
Für die Programmierung leistungsfähiger und komfortabler
Benutzerschnittstellen
von Karl Scheurer

Wissensverarbeitung mt DEDUC
Eine Expertensystemshell mit Benutzeranleitung
sowie einem Lehrbuch zur Wissensverarbeitung,
Folgenabschätzung und Konsequenzenbewertung
von Hartmut Bossel, Bernd R. Hornung
und Karl-Friedrich Müller-Reißmann

Numerik-Praktikum mit VISU
Das umfangreiche Softwarepaket
zur Visualisierung Numerischer Mathematik
für Mathematiker, Naturwissenschaftler, Ingenieure
von Rolf Schröder

Turbo Pascal 5.0 / 5.5 Units und Utilities
Die optimale Toolbox für den Profi mit 180 Routinen
von Anton Liebetrau

Vieweg

Rolf Schröder

Numerik-Praktikum mit VISU

Das umfangreiche Softwarepaket
zur Visualisierung Numerischer Mathematik
für Mathematiker, Naturwissenschaftler,
Ingenieure

Mit einem Geleitwort von R. D. Grigorieff
und H. Jeggle

vieweg

Adresse des Autors:
Rolf Schröder
Projektgruppe Praktische Mathematik
Technische Universität Berlin
Fachbereich 3 – Mathematik
Straße des 17. Juni 136
1000 Berlin 12

Das in diesem Buch enthaltene Programm-Material ist mit keiner Verpflichtung oder Garantie irgendeiner Art verbunden. Der Autor und der Verlag übernehmen infolgedessen keine Verantwortung und werden keine daraus folgende oder sonstige Haftung übernehmen, die auf irgendeine Art aus der Benutzung dieses Programm-Materials oder Teilen davon entsteht.

Der Verlag Vieweg ist ein Unternehmen der Verlagsgruppe Bertelsmann International.

Alle Rechte vorbehalten
© Friedr. Vieweg & Sohn Verlagsgesellschaft mbH, Braunschweig 1990

Das Werk einschließlich aller seiner Teile ist urheberrechtlich geschützt. Jede Verwertung außerhalb der engen Grenzen des Urheberrechtsgesetzes ist ohne Zustimmung des Verlags unzulässig und strafbar. Das gilt insbesondere für Vervielfältigungen, Übersetzungen, Mikroverfilmungen und die Einspeicherung und Verarbeitung in elektronischen Systemen.

Druck und buchbinderische Verarbeitung: Lengericher Handelsdruckerei, Lengerich
Printed in Germany

ISBN 3-528-04758-5

Inhaltsverzeichnis

	Geleitwort	3
	Überblick und Vorbemerkungen	5
I	**Einführung**	9
1	Voraussetzungen und Installation	9
2	Benutzung von VISU	13
3	Programmierung und Probleme der Computergrafik	19
II	**Das VISU - Programm**	23
1	**Funktionen**	24
1.0	Mathematische Einführung	24
1.1	Kurve mehrerer Funktionen	26
1.2	Kurve einer Funktion zweier Veränderlicher	29
1.3	Höhenlinien einer Funktion zweier Veränderlicher	31
	Erläuterungen und Lösungen	32
2	**Interpolation**	33
2.0	Mathematische Einführung	33
2.1	Lagrangesche Darstellung des Interpolationspolynoms	49
2.2	Newtonsche Darstellung des Interpolationspolynoms	51
2.3	Stützstellenstrategien bei der Polynominterpolation	53
2.4	Fehlerfortpflanzung bei der Polynominterpolation	56
2.5	Vergleich verschiedener Interpolationsmethoden	57
2.6	Interpolation von Meßwerten	60
2.7	Parameterdarstellung der Spline- und Akima-Interpolierenden	62
2.8	Differentiation von Interpolierenden	64
	Erläuterungen und Lösungen	65
3	**Konstruktion mit Bézier-Polynomen**	71
3.0	Mathematische Einführung	71
3.1	Schema von de Casteljau	78
3.2	Zusammengesetzte Bézier-Funktionen	79
3.3	Entwerfen mit Bézier-Kurven	82
	Erläuterungen und Lösungen	83

4	**Ausgleichsrechnung**	**86**
4.0	Mathematische Einführung	86
4.1	Polynomausgleich	88
	Erläuterungen und Lösungen	89
5	**Chaos bei Differenzengleichungen**	**90**
5.0	Mathematische Einführung	90
5.1	Zweidimensionale Differenzengleichungen	94
	Erläuterungen und Lösungen	98
6	**Anfangswertaufgaben**	**99**
6.0	Mathematische Einführung	99
6.1	Lösungsschar einer Differentialgeichung	105
6.2	Funktionsweise verschiedener Verfahren	107
6.3	Stabilität von Einschrittverfahren	111
6.4	Vergleich der Verfahren	113
6.5	Abhängigkeit der Lösung von den Anfangswerten	116
6.6	Zweidimensionale Anfangswertprobleme	118
6.7	Einfluß der Anfangswerte bei zweidimensionalen Differentialgleichungen	122
	Erläuterungen und Lösungen	124
7	**Nullstellenprobleme**	**130**
7.0	Mathematische Einführung	130
7.1	Funktionsweise verschiedener Verfahren	136
7.2	Fixpunktiteration und Steffensen-Verfahren	140
	Erläuterungen und Lösungen	147
8	**Nichtlineare Gleichungssysteme**	**150**
8.0	Mathematische Einführung	150
8.1	Modifiziertes-Newton-Verfahren / Verfahren des steilsten Abstiegs im Höhenliniendiagramm	157
8.2	Iterationsfolge verschiedener Verfahren im Vergleich	160
	Erläuterungen und Lösungen	164
	Symbolverzeichnis	167
	Programmverzeichnis	169
	Literaturverzeichnis	172
	Sachwortverzeichnis	176

Geleitwort

Die stürmische Entwicklung, die sich in den vergangenen Jahren auf dem Rechnermarkt vollzogen hat, schlägt sich auch in der Lehre der Numerischen Mathematik an den Universitäten und Hochschulen nieder.

Aufgrund der unglaublichen Möglichkeiten, die Computerberechnungen und -simulationen in allen Bereichen der Wissenschaft und Technik erlangt haben, gehören Lehrveranstaltungen über Numerische Mathematik heute zum festen Bestandteil der Ausbildung von Studenten der mathematisch-naturwissenschaftlichen und der ingenieurwissenschaftlichen Fächer. Anwendungen und Erfordernisse verschiedener Fachrichtungen müssen daher in den Lehrstoff einbezogen werden.

Als weitere Konsequenz aus dem gegenwärtigen Stand der Rechnerentwicklung, die den Einsatz effizienter Algorithmen unter Ausnutzung der phantastischen Zahl von in Sekundenbruchteilen durchführbaren arithmetischen Operationen möglich macht, ergibt sich eine Akzentverschiebung zu größerer Bedeutung einzelner numerischer Methoden in zahlreichen Anwendungsgebieten.

Besonders auffallend sind die Konsequenzen aus der Grafikfähigkeit der heutigen Rechner, die zunehmende visuelle Präsentation von Informationen, die teilweise Substitution von Texten und Zahlenkolonnen durch bewegte Bilder und bunte Grafiken. Die grafischen Möglichkeiten sind keineswegs Spezialisten auf Superrechnern vorbehalten, denn schon einfache Personalcomputer erlauben den Einsatz von Grafiksoftware auf Farbmonitoren. Eine Reihe von Fachbereichen sind heute durch Mittel des CIP (Computer-Investitions-Programm) der Bundesregierung mit PCs ausgestattet, viele bereits mit Workstations, die eine benutzerfreundliche Grafikoberfläche bieten. Zunehmend besitzen Studenten ihren eigenen PC zu Hause.

Die visuelle Präsentation von Lehrinhalten der Numerik, die durch diese technische Entwicklung möglich wird, bietet den Studenten die Chance, den Lehrstoff besser zu verstehen und zu verarbeiten. Es liegt an den Lehrenden, die sich eröffnenden Möglichkeiten zu nutzen. Dies ist mit zeitaufwendiger Entwicklungsarbeit verbunden. Es ist ein hochzuschätzendes Verdienst von Herrn Schröder, das vorliegende Programmpaket VISU zur Visualisierung numerischer Verfahren entwickelt zu haben und einem großem Kreis potentieller Interessenten zugänglich und nutzbar zu machen.

VISU kann als Lernwerkzeug von Studenten oder als didaktisches Hilfsmittel von Lehrenden verwendet werden. Es bietet neben vielen verständnisfördernden Veranschaulichungen die Möglichkeit, modellhafte Anwendungen verschiedener Fachgebiete zu visualisieren und für die behandelten Themengebiete die jeweils wichtigsten numerischen Verfahren bei unterschiedlichen

Problemstellungen miteinander zu vergleichen und auf ihre Effektivität zu untersuchen.

In den einschlägigen Lehrveranstaltungen des Fachbereiches Mathematik der Technischen Universität Berlin ist VISU bei den Studenten auf eine breite Resonanz gestoßen, von Seiten der Lehrenden ist es als große Unterstützung in der Vermittlung des Stoffes empfunden worden. Die leichte Handhabung von VISU führte zu einer regen Inanspruchnahme, ohne daß eine zusätzliche Betreuung präsent sein mußte, und die Studierenden konnten zu den ihnen gelegenen Zeiten ihre eigenen Erfahrungen im spielerischen oder gezielt experimentellen Umgang mit dem Programmpaket machen. Mit den aufkommenden LCD-Projektionsmöglichkeiten in den Hörsälen ist die Verwendung in den Vorlesungen selbst zur Unterstützung des Vortrags realisierbar. Wir wünschen dem vorliegenden Programmpaket eine große Verbreitung bei Studenten, Lehrenden und Anwendern aus der Praxis.

Berlin, im März 1990
R. D. Grigorieff

H. Jeggle

Überblick und Vorbemerkungen

Was ist VISU ?

VISU ist der Name eines Programmpaketes zur Visualisierung numerischer Methoden. Es kann auf IBM-kompatiblen PCs eingesetzt werden und ermöglicht das Lernen über die Anschauung. Verfahren, Zusammenhänge und interessante Einzelphänomene aus dem Bereich der Numerischen Mathematik lassen sich grafisch darstellen. Wichtige numerische Strategien können bezüglich einer gegebenen Problemstellung experimentell miteinander verglichen werden.

Das Programmpaket ist aus den Übungen zur Lehrveranstaltung "Numerische Mathematik I für Ingenieure" hervorgegangen, die ich in den Jahren 1987 bis 1989 an der TU Berlin abgehalten habe. Grundlage für den Lehrstoff war ein von Prof. Dr. Rolf Dieter Grigorieff und Prof. Dr. Hansgeorg Jeggle verfaßtes Vorlesungsskript, aus dem auch einige der Anwendungsbeispiele für die Programme in diesem Buch entnommen sind. Das Paket enthält einen Funktionsinterpreter sowie Programme zur Visualisierung von Themenkomplexen wie Interpolation, numerischer Differentation, Konstruktion mit Bézier-Polynomen, Ausgleichsrechnung, Anfangswertaufgaben, Nullstellenproblemen und nichtlinearen Gleichungssystemen. Von der Stoffauswahl her ist es für eine Einführung in die Numerische Mathematik geeignet und richtet sich an Mathematiker, Physiker, Ingenieure, Informatiker sowie andere Studenten und Absolventen naturwissenschaftlicher Fachrichtungen. Als wichtiges Thema fehlt nur die Behandlung linearer Gleichungssysteme, die für die Visualisierung weniger geeignet sind.

Die Bedienung ist einfach: Das Softwarepaket läuft menügesteuert, und mit sämtlichen Programmen kann interaktiv gearbeitet werden. Kenntnisse von Betriebssystemen oder Programmiersprachen sind nicht erforderlich.

Konzeption des Buches

Da es den Benutzern der Programme erfahrungsgemäß schwerfällt, geeignete numerische Beispiele zur Veranschaulichung zu finden, erwies es sich als erforderlich, in einem Buch für jedes Programm möglichst interessante und lehrreiche Anwendungsbeispiele zusammenzustellen.

Im Einführungsteil werden die Installation des Programmpaketes und seine Benutzung erläutert. Der Hauptteil besteht aus acht Kapiteln zu den genannten Themenbereichen aus der Numerischen Mathematik. Jedes Kapitel beginnt mit einer mathematischen Einführung und enthält Abschnitte mit Anwendungs- und Veranschaulichungsbeispielen für ein zugeordnetes VISU-

Programm. Einander zugeordnete Programme und Kapitelabschnitte sind durch die gleiche Überschrift und Numerierung zu erkennen.

Die Funktionsweise und Eigenschaften eines numerischen Verfahrens werden anhand der Visualisierungsbeispiele ausführlich beschrieben. Anregungen, Fragen und Aufgaben sollen den Benutzer zu eigenen Experimenten mit den Grafiken veranlassen. In einem Anhang, mit dem jedes Kapitel endet, werden die Experimente und Aufgaben erläutert, gestellte Fragen beantwortet.

Aufgrund der ausführlichen mathematischen Einführungen und Erläuterungen ist das vorliegende Werk als Lehrbuch der Numerischen Mathematik zu verstehen. Dabei wird auf Beweise weitestgehend verzichtet, die Diskussion der Eigenschaften und Möglichkeiten der jeweils vorgestellten numerischen Methoden nimmt jedoch einen breiten Raum ein und die Algorithmen der Verfahren werden so dargestellt, daß der Leser sie selbst programmieren kann.

Die Visualisierungen sind ein unverzichtbarer und zentraler Bestandteil des Lernens mit diesem Buch. Sie unterstützen das Verständnis des in der Einführung eines jeden Kapitels vermittelten Lehrstoffes, denn eigene Experimente mit den Programmen liefern zusammen mit den zugehörigen Erläuterungen weitere Detailinformationen, insbesondere über die Effektivität der vorgestellten numerischen Strategien.

Wissenswerte Informationen über ein numerisches Verfahren oder einen bestimmten mathematischen Zusammenhang können daher aus allen genannten Teilen eines Kapitels bezogen werden. Insofern muß das Buch nicht der Reihenfolge nach gelesen werden. Wer die Lektüre eines Kapitels mit der mathematischen Einführung beginnt, kann immer wieder unterbrechen und Veranschaulichungen und Experimente anhand der Beispiele durchführen. Alternativ dazu ist es auch möglich, mit den Visualisierungen in den einem Programm zugeordneten Kapitelabschnitten zu beginnen und die mathematische Einführung als Nachschlagewerk zu benutzen.

Voraussetzung für die Benutzung des Buches und der Software ist die Kenntnis der Grundlagen der Differential- und Integralrechnung sowie der linearen Algebra.

Lernmöglichkeiten mit den Programmen

VISU bietet anhand der Beispiele eines Kapitels folgende Möglichkeiten für die eigene Erarbeitung des Lehrstoffes:

-*Veranschaulichung*: Der Lernende macht sich die Funktionsweise eines Verfahrens grafisch verständlich.

-*Entdeckendes Lernen*: Der Lernende vergleicht verschiedene numerische Strategien miteinander und stellt selbst fest, welche Methode die besseren Ergebnisse liefert oder ob in einer gegebenen Situation Konvergenz vorliegt.

Überblick und Vorbemerkungen

-*Experimentelles, forschendes Lernen*: Der Lernende erforscht Eigenschaften von Differenzen- oder Differentialgleichungen, die möglicherweise in praktischen Anwendungen eine Rolle spielen.

-*Konstruktionen und praktische Übungen*: Mit geeigneten numerischen Methoden können Tragflügelprofile oder Autokarosserien entworfen werden.

VISU kann auch in Übungen oder Vorlesungen eingesetzt werden. Falls dazu kein portabler PC mit LCD-Projektion zur Verfügung steht, wird die Übertragung der Grafiken mit einem Plotter auf Overhead-Folien empfohlen.

Didaktische Zielsetzungen

Die Methoden und Strategien der Numerischen Mathematik werden mit VISU in einer anderen Form präsentiert als in einer Vorlesung oder in einem herkömmlichen Lehrbuch.

Die anschauliche Aufarbeitung der Lehrinhalte soll nicht nur zu einem besseren Verständnis des Stoffes beitragen, sie soll auch das Behalten erleichtern. Man weiß in der Lernpsychologie heute, daß die Zugänglichkeit der im Gedächtnis gespeicherten Informationen von der Wirksamkeit von Such- und Wiedergewinnungsprozessen abhängig ist. Es besteht kein Zweifel daran, daß mathematische Zusammenhänge vielfach in ihrer grafischen Darstellung schneller erfaßt werden können als in der Formelsprache und damit im Gedächtnis auch leichter zugänglich sind. In der Praxis zeigt sich das oft in Prüfungen, wenn Studenten die Idee eines Verfahrens nicht in Formeln ausgedrückt wiedergeben können, wohl aber in der grafischen Darstellung.

Ich hoffe vor allem, daß das Arbeiten mit den Programmen Spaß macht, Interesse an der Mathematik weckt, für eine intensivere Auseinandersetzung mit dem Numerik-Lehrstoff motiviert und den Lernenden den oft allzu großen Respekt vor der Mathematik wenigstens zu einem Teil nimmt.

Erfahrungen mit VISU

Die Programme wurden am Fachbereich Mathematik der TU Berlin bereits in verschiedenen Lehrveranstaltungen eingesetzt: in Projektgruppen für Ingenieure, die von der Projektgruppe Praktische Mathematik (PPM) durchgeführt wurden, in der Lehrveranstaltung "Praktische Mathematik", die sich an Mathematik- und Physikstudenten richtet und in der schon erwähnten "Numerischen Mathematik I für Ingenieure".

Die Programme wurden in Tutorien verwendet, in denen die Studenten unter der Anleitung eines Tutors in Kleingruppen mit den Programmen arbeiten konnten. Wir stellten Übungsaufgaben, die darin bestanden, mit VISU verschiedene numerische Strategien auf ihre Effektivität zu untersuchen, und in Übungen wurden mit VISU erstellte Grafiken erklärt, erläutert und diskutiert. Selbstverständlich standen die Programme darüber hinaus den Studenten zur Benutzung in einem PC-Saal jederzeit zur Verfügung.

In einer Fragebogenaktion konnten wir feststellen, daß die Programme auf großen Anklang stießen. Sie wurden nicht nur während des laufenden Semesters genutzt, sondern auch zur Prüfungsvorbereitung.

Hilfeleistungen und Danksagung

Von vielen Unterstützern am Fachbereich Mathematik der TU Berlin sind insbesondere die Mitarbeiter der Projektgruppe Praktische Mathematik (PPM) hervorzuheben, die uns mit Rat und Tat bei der Erstellung der Programme zur Seite standen und selbst einige Routinen zu VISU beigesteuert haben. Namentlich erwähnen möchte ich die Herren Dipl.-Ing. P. Pickel und Dipl. Ing. R. Maurer, von denen letzterer die Höhenlinienroutine geschrieben hat.

Wichtige Vorarbeiten zu VISU sind von Herrn Dipl.-Math. F. Brauner geleistet worden, das 3-D-Programm wurde von Herrn Dr. A. Preusser freundlicherweise zur Verfügung gestellt.

Beim Schreiben des Buches bin ich maßgeblich von Herrn Dipl.-Ing. K. Kose unterstützt worden, der sorgfältig das Manuskript gelesen und mir mit vielen wertvollen Ratschlägen und Anregungen sehr geholfen hat. Vorarbeiten bei der Textverarbeitung wurden von Frau K. Fiebrandt durchgeführt

Ihnen allen und vielen anderen noch ungenannten Kollegen, Mitarbeitern und Studenten gebührt mein herzlicher Dank ebenso wie dem Fachbereich Mathematik, der mir bei meiner Arbeit stets Unterstützung gewährte. Ohne die vielen Hilfestellungen wäre VISU in dieser Form nicht zustande gekommen.

Ein ganz besonderes Dankeschön an die drei Koautoren der Programme, Uwe Jank, Michael Schmidt und Kornel Wieliczek, ist selbstverständlich. Sie haben mit ihrem persönlichen Engagement, ihrem Arbeitseinsatz und ihren Ideen entscheidend die Fertigstellung von VISU vorangebracht. Kornel Wieliczek zeichnet auch für die in das Programm integrierten Bildschirm- und Plottertreiber verantwortlich.

Schließlich noch eine Bitte an den Leser: Da es sich bei dem VISU-Programmpaket um ein bislang einzigartiges Produkt handelt, würde ich mich über Hinweise und Zuschriften sehr freuen.

Berlin, im Februar 1990   Rolf Schröder

I Einführung

1 Voraussetzungen und Installation

Rechnerausstattung

Als Mindestausstattung eines IBM-kompatiblen PCs wird eine der verbreiteten Grafik-Karten *HERCULES, MCGA, EGA, VGA, OLIVETTI* oder ein kompatibler bzw. erweiterter Adapter, eine Arbeitsspeicherkapazität des Rechners von *512 KB* und ein mathematischer Ko-Prozessor vorausgesetzt.

Darüber hinaus ist eine Ausstattung des Gerätes mit einer Festplatte sinnvoll, weil sämtliche Programme in ihrer ausführbaren Fassung eine Speicherplatzkapazität von etwa *4 MB* erfordern. Der menügesteuerte Zugriff auf die Programme kann daher nur von der Festplatte erfolgen. Ist eine Festplatte nicht verfügbar, so sind die mitgelieferten, speicherplatzreduzierten Programme auf vier Disketten á *1,2 MB* zu überspielen. Der Aufruf der Programme kann dann nur einzeln mit dem jeweiligen Programmnamen erfolgen.

Die Rechenzeit der Programme hängt selbstverständlich von der benutzten Prozessor-Serie ab. Grundsätzlich kann jedoch auch ein *IBM-PC-XT* mit dem 8086-Prozessor benutzt werden.

Plotteranschluß

Mit VISU kann eine Datei in der Grafiksprache *HP-GL* erzeugt werden. Alle Plotter, die mit *HP-GL* arbeiten, besonders die der Fa. *Hewlett-Packard*, beispielsweise die Plotter *HP 7475 A* und *HP 7550 A*, können daher direkt angeschlossen werden. Sofern ein Treiber für *HP-GL* existiert, kann jeder beliebige Plotter benutzt werden.

VISU-Benutzer, die keinen eigenen Plotter besitzen oder denen der direkte Anschluß eines Plotters an ihr Gerät zu aufwendig ist, können die erzeugte *HP-GL*-Datei auf einen anderen Rechner transferieren und von dort die Ausgabe auf einen Plotter veranlassen.

Zur Ausgabe der *HP-GL*-Datei ist vor dem Hochfahren des Rechners in der Startdatei *AUTOEXEC.BAT* einzugeben:

SET VISUPLOTTER = [*d:*] [*Pfad*] \

mit dem Laufwerksbuchstaben *d* und dem vollständigen Pfad eines Unterverzeichnisses, in dem die *HPGL*-Datei abgespeichert werden soll, gefolgt von einem Schrägstrich, oder

SET VISUPLOTTER = [Ausgabegerät]

falls die Ausgabe extern erfolgen soll. Dabei gelten als Bezeichnung der Ausgabegeräte die für *DOS* reservierten Namen wie *COM1, COM2* oder *LPT1*. Möchte man beispielsweise die *HP-GL*-Datei in das Verzeichnis C:\ VISU übertragen, so lautet die Anweisung

SET VISUPLOTTER = C:\VISU

Die Konfiguration von Plotter und Rechner im Falle des direkten Plotteranschlusses entnehmen Sie bitte den entsprechenden Handbüchern. In die Datei *AUTOEXEC.BAT* muß in diesem Fall der *MODE*-Befehl mit den richtigen Optionen eingefügt werden.

Druckeranschluß

Die direkte Ausgabe von VISU-Grafiken auf einem Drucker ist unter bestimmten Einschränkungen möglich. Besitzer von *VDI*- (Virtual Device Interface) Treibern können jede Bildschirmgrafik direkt auf dem *IBM-Grafikdrucker* II und kompatiblen, wie zum Beispiel dem *EPSON*-Drucker, erzeugen.

Die erforderlichen *VDI*-Treiber *VDI.SYS* und *VDIPRGRA.SYS* müssen dazu mit der *DEVICE*-Anweisung in die Konfigurationsdatei *CONFIG.SYS* eingefügt werden und in der Startdatei *AUTOEXEC.BAT* muß das Programm *INIT_VDI.EXE* aufgerufen werden.

Eine andere Möglichkeit ist es, einen Drucker über die *HP-GL*-Datei der jeweiligen Grafik anzusteuern. Im Softwarehandel sind *HP-GL*-Konvertierungsprogramme für Drucker erhältlich.

Darüber hinaus bleibt es Ihnen überlassen, an Ihrem Drucker eine Ausgabe über *HARDCOPY*-Tasten zu realisieren.

Das Ansprechen der Peripherie-Geräte von VISU aus wird im dritten Kapitel der Einführung beschrieben.

Bildschirm

Da die Benutzung von VISU auch mit der *HERCULES*-Karte unterstützt wird, reicht ein Monochrom-Bildschirm. Sie können für jedes VISU-Programm verschiedene Strichlierungstypen anstelle von Farben zur Unterscheidung von Kurven wählen. Allerdings sind Farbgrafiken in vielen Fällen mit Sicherheit anschaulicher, übersichtlicher und schöner.

Für die Konfiguration des Rechners bei Benutzung der verschiedenen Grafikkarten ist folgendes wichtig:

1 Voraussetzungen und Installation

HERCULES-Karte

In der Startdatei *AUTOEXEC.BAT* muß das mitgelieferte residente Programm *HGBIOS.COM* durch einfachen Aufruf geladen werden.

EGA- und VGA-Karte

Generell ist für diese beiden Karten nichts zu beachten. Zusätzliche hochauflösende Modi der Karten können aber nur unter einigen Bedingungen benutzt werden:

a) Die Ansteuerung muß *EGA*-kompatibel sein.
b) Der Farbmodus muß mindestens *16* Farben umfassen.
c) Das Produkt aus der Anzahl der Pixel in X- und Y- Richtung darf die Zahl 5.242.688 nicht überschreiten. In die Startdatei *AUTOEXEC.BAT* muß die folgende Anweisung eingegeben werden:

SET VISUDISPLAY =*[Anzahl der X-Pixel (dezimal)]* . *[Anzahl der Y-Pixel (dezimal)]* . *[Nummer des Video-Modus (dezimal)]*

Bei einer Auflösung von *800x600* und dem Video-Modus *48* (*30* in hexadezimaler Darstellung) wäre beispielsweise anzugeben:

SET VISUDISPLAY = 800.600.48

OLIVETTI-Grafikkarte

Bei dieser Grafikkarte, die auch für den *COMPAQ-PORTABLE* gebräuchlich ist, muß in die Datei *AUTOEXEC.BAT* die Anweisung

SET VISUDISPLAY = [Nummer des Videomodus (dezimal)]

eingegeben werden. Mit dem in diesem Fall üblichen Video-Modus *64* hätte man also

SET VISUDISPLAY = 64

Für die **MCGA-Grafik** gibt es keine Besonderheiten, die zu beachten wären.

Installation

Das VISU-Menüsteuerungsprogramm erfordert eine bestimmte Anordnung der einzelnen ausführbaren Programme auf der Festplatte. Um diese Anordnung zu gewährleisten, wird ein Installationsprogramm auf einer der Programmdisketten mitgeliefert. Voraussetzung ist, daß die Konfigurationsdatei *CONFIG.SYS* den Befehl *DEVICE = ANSI.SYS* enthält. Auf Ihrer Festplatte müssen mindestens 4 MB Speicherplatz zur Verfügung stehen. Die Installation sollte folgendermaßen vorgenommen werden:

1. In der Startdatei *AUTOEXEC.BAT* ist die Angabe des vollständigen Pfades des Unterverzeichnisses auf Ihrer Festplatte erforderlich, in dem VISU installiert werden soll. Die Anweisung dafür lautet:

SET VISUDIR = [d:][Pfad]

d ist dabei der Laufwerksbuchstabe und *Pfad* der Zugriffspfad für das Unterverzeichnis. Möchten Sie die Programme beispielsweise auf C:\ NUMERIK übertragen, so geben Sie ein:

SET VISUDIR = C:\NUMERIK

2. Richten Sie auf der Festplatte das neue Unterverzeichnis mit dem angegebenen Zugriffspfad ein, und kopieren Sie sämtliche Dateien der drei mitgelieferten Programmdisketten auf diesen Bereich.

3. Rufen Sie aus diesem Unterverzeichnis heraus das Installationsprogramm *INST.BAT* folgendermaßen auf:

INST [d:]   [Grafikmodus]

d ist wieder der Laufwerksbuchstabe der Festplatte, und für *Grafikmodus* muß entweder *M* oder *C* angegeben werden, je nachdem, ob Sie über ein Monochrom-Sichtgerät oder über eine Farbgrafik-Ausstattung verfügen. Für Farbgrafik und die Festplatte *C* würde der Aufruf also lauten:

INST C: C

Für Monochrom-Karten oder -Sichtgeräte wird die Datei *VIDEOSEQ.MON*, anderenfalls die Datei *VIDEOSEQ.COL* installiert.

Die einzelnen VISU-Programme werden vom Installationsprogramm in verschiedene weitere Unterverzeichnisse übertragen, auf die vom Menüprogramm zugegriffen wird.

Sollten Sie nicht über eine Festplatte verfügen, so müssen Sie sämtliche speicherplatzreduzierten Programme einzeln durch die Anweisung

DEPACK   [Packname]   [Exename]

in ihre ausführbare Fassung auf mindestens vier Disketten à *1,2 MB* übertragen. Dabei ist *Packname* der Dateiname des speicherplatzreduzierten Programmes und *Exename* derjenige der ausführbaren Version. Auf die Menüsteuerung muß in diesem Fall verzichtet werden.

Die genaue Anordnung der Unterverzeichnisse und die Namen der Programme in ihrer jeweiligen Fassung entnehmen Sie bitte dem Anhang.

Der **Aufruf** des Programmpaketes erfolgt mit *VISU* durch die Datei *VISU.COM* von einem beliebigen Verzeichnis der Festplatte aus.

2 Benutzung von VISU

Mit dem Aufruf von VISU erhält man ein Menü mit den verschiedenen Themenbereichen, deren Numerierung mit jener der Kapitel in diesem Buch übereinstimmt. Durch die Angabe der entsprechenden Zahl gelangt man in das zum gewünschten Themenkomplex gehörige Untermenü, in dem die einzelnen Programme aufgeführt sind. Die Programme sind durch Numerierung und Überschrift einem Kapitelabschnitt zugeordnet. Nach der Wahl eines Programms wird dieses aufgerufen.

Jedes einzelne Programm besteht aus mindestens einer Eingabeseite mit dunkelblauem Hintergrund und hellblauen Eingabefeldern. In die jeweiligen Eingabefelder sind bereits Daten für ein Standardbeispiel eingetragen. Dieses Standardbeispiel wird durch Betätigen der Taste $<F\,2>$ zur Ausführung gebracht. Damit besteht die Möglichkeit, eventuell vor der Eingabe eigener Daten ein Beispiel zu studieren und sich daran die Funktionsweise des Programms klarzumachen.

Im folgenden werden die Menüsteuerung, die Eingabe und Korrektur der Daten sowie andere wichtige Funktionen des Programms erläutert.

Menü- und Programmsteuerung

$<Escape>$ (Taste auf der deutschen Tastatur: $<Eingab/Lösch>$)
-Zurückgehen auf die vorherige Menüebene.

$<Enter>$ (Taste $<\hookleftarrow>$)
-Zurückgehen in das Eingabemenü nach Fertigstellung der Zeichnung.

-Schnelles Beenden des VISU-Vorspanns vor der Eingabeseite

-Vorrücken auf die erste Position der folgenden Zeile der Eingabeseite.

Die folgenden Tasten sind nur von der Eingabeseite zu bedienen:

Wechseln der Eingabefelder

$<\downarrow>$ - Rücken auf die erste Position der folgenden Zeile.

$<\uparrow>$ - Rücken auf die erste Position der vorhergehenden Zeile.

Korrekturen

$<\leftarrow>$ - Rücken um eine Position nach links im aktuellen Eingabefeld.

$<\rightarrow>$ - Rücken um eine Position nach rechts im aktuellen Eingabefeld.

$<\leftarrow>$ - Löschen des Zeichens links neben der aktuellen Position und entsprechendes Aufrücken der rechts stehenden Zeichen.

$<Del>$ (deutsch: $<Lösch>$)
 - Löschen des aktuellen Zeichens und entsprechendes Aufrücken der rechts stehenden Zeichen.

$<Ins>$ (deutsch: $<Einfg>$)
 - Einfügen eines Zeichens.

$<F6>$ - Löschen aller Zeichen rechts der aktuellen Position.

$<Ctrl.D>$ (deutsch: $<Strg.D>$)
 - Löschen der gesamten aktuellen Zeile.

Ein einfaches Überschreiben eines Zeichens nach entsprechendem Vorrücken mit dem Cursor ist möglich. Syntaxfehler bei der Eingabe werden vom Programm gemeldet und können auf einer Zusatzseite korrigiert werden.

Eingabe

Die Eingabe von Funktionen und Intervallgrenzen erfolgt weitgehend in *FORTRAN*-Syntax. Dabei gibt es die folgenden arithmetischen Operatoren:

~ Exponentiation (Unterschied zu *FORTRAN*!)
/ Division
* Multiplikation
- Subtraktion oder Multiplikation mit -1, d.h. Vorzeichenoperator
+ Addition oder Identität, d.h. Vorzeichenoperator

Ein Vorzeichenoperator darf nicht unmittelbar auf einen Operator folgen, der zwei arithmetische Ausdrücke miteinander verknüpft.

Bei der Auswertung von arithmetischen Ausdrücken wird die folgende Reihenfolge eingehalten:

(1) Ausdrücke in Klammern
(2) Exponentiationen
(3) Multiplikationen und Divisionen
(4) Subtraktionen, Additionen und Vorzeichenoperationen.

Bei ineinandergeschachtelten Klammerpaaren wird der Inhalt des innersten Klammerpaares zuerst bearbeitet. Die Auswertung von Operationen gleicher Stufe erfolgt von links nach rechts, außer bei Exponentiationen.

Beispiele: $X/2*3$ ist gleichbedeutend mit $(X/2)*3$.
$X\textasciicircum 2\textasciicircum 3$ ist gleichbedeutend mit $X\textasciicircum 8$.

2 Benutzung von VISU

Reelle Zahlen werden mit einem "." geschrieben. Allerdings wird bei Nichtvorhandensein eines Punktes nicht zwischen REAL- und INTEGER-Darstellungen unterschieden. So ist z.B. 5/2 gleichbedeutend mit 5./2. und das Ergebnis ist in jedem Fall 2.5. Werden bei der Eingabe aber ganze oder natürliche Zahlen verlangt, so darf kein Dezimalpunkt miteingegeben werden.

Die Eingaben von REAL-Konstanten können auch in Exponentialform erfolgen. Dazu gibt man eine Konstante ein, gefolgt von einem Exponententeil, bestehend aus dem Buchstaben E, gefolgt von einer INTEGER-Konstanten, die ein positives oder negatives Vorzeichen haben kann. Der Exponententeil steht für eine Zehnerpotenz.

Beispiel: 5.6 E - 3,   -0.035 E - 2,   2 E 3.

Die irrationale Zahl π wird mit *pi* eingegeben. Ein leeres Eingabefeld wird vom Rechner als Null interpretiert.

Schließlich stehen als Funktionen zur Verfügung:

SQR - Quadrat   *SQRT* - Quadratwurzel
EXP - Exponentialfunktion   *LN* - natürlicher Logarithmus
ABS - Betrag   *LG* - Zehnerlogarithmus
MAX - Maximum   *MIN* - Minimum

Die trigonometrischen Funktionen und ihre Inversen genügen den Abkürzungen *SIN, COS, TAN, COT, ARCSIN, ARCCOS, ARCTAN, ARCCOT*, die hyperbolischen und ihre Umkehrfunktionen lauten *SINH, COSH, TANH, COTH, ARSINH, ARCOSH, ARTANH* und *ARCOTH*.

Beispiele zur Anwendung: $SIN(X^2) * (X + 2)$
                             $MAX(ABS(X), 2)$

Nicht erlaubt sind Ausdrücke wie *SIN X* oder *2X*.

Die Eingabe einer Funktion kann auf zwei Zeilen im Eingabefeld erfolgen. Es ist darauf zu achten, daß der Name einer Funktion nicht getrennt werden darf.

Weitere wichtige Einzelheiten für die Eingabeseite:

Achsenbegrenzungen

Die Begrenzungen der X- und Y-Achse können in jedem einzelnen Programm beliebig gewählt werden. Für die Y-Achse gilt zusätzlich folgende Regelung: Wird in die zugehörigen Eingabefelder für die Unter- und Obergrenze gar nichts oder die gleiche Zahl eingetragen, so rechnet das Programm Minimum und Maximum der gewünschten Funktion auf dem angegebenen Intervall der

X-Achse aus und setzt diese Werte als Unter- und Obergrenze ein. In einigen Programmen, in denen z. B. die Eingabe von Meßwerten verlangt ist, kann diese Regelung auch für die X-Achse gelten.

Auswertungen

In nahezu allen VISU-Programmen wird auf der Eingabeseite die Auswertung abgefragt. Damit ist die Anzahl der Funktionsauswertungen gemeint, die in dem Intervallausschnitt auf der X-Achse vorgenommen werden sollen. Je höher die Anzahl der Auswertungen ist, desto exakter wird eine Funktion gezeichnet, desto länger ist aber auch die Rechenzeit. Die mögliche Untergrenze der Auswertungen sind *100* Punkte, der maximale Wert in der Regel *999*, im speziellen *Funktionsauswertungsprogramm 1.1* liegt er bei *3000* Punkten.

Probleme kann es bei ungenügender Anzahl der Auswertungen vor allem geben, wenn Polstellen oder stark oszillierende Funktionen berechnet werden, die in der Zeichnung dann zum Teil falsch wiedergegeben werden. (Vgl. I, 3).

Von der Eingabeseite aus haben Sie durch Betätigung weiterer Tasten folgende Programmoptionen:

Wiederherstellen des Standardbeispiels

<*Home / top*>-Taste (auf der deutschen Tastatur: <*Pos 1*>)
In die Eingabefelder der Eingabeseite werden wieder die Daten des Standardbeispiels eingetragen.

Hilfe

<*F1*>-Taste

Die aufgerufene Hilfsseite bezieht sich immer auf das Eingabefeld, in dem der Cursor bei Betätigung der Hilfstaste steht. Sie liefert Informationen und Erklärungen über die Daten, die in dieses Feld geschrieben werden können. Die für Korrekturen und neue Eingaben benötigten Tasten sind auf der Hilfsseite des ersten Eingabefeldes eines jeden Programms erläutert.

Grafik (Zeichnen)

<*F2*>-Taste

Grafikoptionen

<*F3*>-Taste

Bei Betätigen der <*F3*>-Taste wird eine Zusatzseite aufgerufen, auf der die Länge der Achsen und die gewünschten Farben der einzelnen Kurven eingegeben werden können. Ferner können Sie wählen, ob die Geraden $x = 0$ und $y = 0$ eingezeichnet werden sollen. Im Falle eines Plotteranschlusses werden weitere Optionen angeboten. Falls Sie sich für eine Ausgabe auf einem Plotter entscheiden und vor dem Start des Rechners in der *AUTOEXEC.BAT* -Datei den Befehl *SET VISUPLOTTER* eingefügt haben, so wird nur die *HP-GL*-Datei der Grafik erzeugt (Vgl. I , 1). Achten Sie darauf, die Plotteroption nicht zu benutzen, wenn Sie keinen Plotter angeschlossen haben. Sie können in einem solchem Fall nach Betätigung der <F2>-Taste das Programm nur noch durch einen Warmstart verlassen.

- *Bestimmung der Achsenlängen (Sichtgerät):*

Standardmäßig wird ein möglichst großer Teil der Bildschirmzeichenfläche für die VISU-Grafik ausgenutzt. Die X- und die Y-Achse haben damit nicht den gleichen Maßstab. Da verschiedene Bildschirmgeräte unterschiedlich große Zeichenflächen besitzen und ihre jeweiligen Maße nicht exakt vom Programm abgefragt werden können, ist es möglich, die Achsenlänge zu verändern. Dazu wurden Zeicheneinheiten definiert, die auf 14-Zoll-Bildschirmen in etwa *1 cm* entsprechen. Die maximale Länge der X-Achse beträgt *20* und die der Y-Achse *12* Zeicheneinheiten. Soll die Länge beider Achsen gleich sein, so ist die Anzahl der Einheiten identisch zu wählen. Dies gilt allerdings nicht, wenn auf Ihrem Sichtgerät die Relation der Seitenlängen der Bildschirmzeichenfläche erheblich von dem von uns standardisierten Verhältnis abweicht. In dem Fall müßten Sie für Ihr Gerät das Verhältnis der Zeicheneinheiten für gleichlange Achsen selbst herausfinden.

- *Bestimmung der Achsenlängen (Plotter):*

Für den Plotter kann die gewünschte Achsenlänge in *cm* angegeben werden. Standardmäßig wird ein möglichst großer Teil einer DIN-A4-Seite für die Grafik ausgenutzt. Diese Länge darf nicht überschritten werden. Die maximale Länge der X-Achse beträgt *24 cm*, die der Y-Achse *13 cm*.

- *Festlegung der Farben/Strichlierungen (Sichtgerät oder Plotter):*

Die Farbfestlegungen für die zu zeichnenden Kurven können verändert werden. Zur Verfügung stehen die sieben Farben weiß, blau, grün, rot, hellblau, gelb und violett für das Sichtgerät sowie acht Stifte für den Plotter. Wird in der Erläuterung eines Programmes ein numerisches Verfahren mit Hilfe der Farben erklärt, so handelt es sich stets um die standardmäßig benutzten Farben.

Diese Option ist für Farb-Sichtgeräte nützlich, falls *LCD*-Projektionen vorgenommen werden. Solche Projektionen können Farben vielfach aus technischen Gründen nur durch verschiedene Grautöne auf die Leinwand übertragen. Bei ungünstiger Farbwahl sind die Grautöne nicht voneinander zu unterscheiden.

Falls Sie nur über ein Monochrom-Sichtgerät verfügen, dürfen Sie für die Kurven anstelle der Farben auch Strichlierungen wählen. Dazu müssen Sie allerdings in jedem einzelnen Programm nach Betätigunng der <F3> -Taste in den Monochrom-Modus umschalten. Eine Anwendung dieser Option beim Plotten kann sich ergeben, wenn anschließend Schwarz-Weiß-Kopien, beispielsweise für Druckerzeugnisse, angefertigt werden sollen.

Es stehen vier Typen zur Verfügung:

a) durchgezogene Linie,
b) abwechselnd *0,3 Zeicheneinheiten (ZE)* Strich und *0,25 ZE* Lücke,
c) abwechselnd *1 ZE* Strich und *0,2 ZE* Lücke,
d) die sich wiederholende Abfolge von *1 ZE* Strich, *0,3 ZE* Lücke, Punkt und *0,3 ZE* Lücke.

Die Strichlierungsoption bietet sich auch an, falls die Bildschirmgrafik über den Drucker ausgegeben wird.

- Plottgeschwindigkeit:

Die Plottgeschwindigkeit muß zwischen *20* und *50 cm/Sekunde* liegen. Die Geschwindigkeit von *20 cm / Sekunde* eignet sich für das Anfertigen von OH-Folien, die von *50 cm / Sekunde* für Papierplots.

Grafiktext (Erläuterungen zur Grafik)

<*F4*>-Taste

Es wird eine zusätzliche Bildschirmseite aufgerufen, auf der Erläuterungen zur Grafik des jeweiligen VISU-Programms zu finden sind. Teilweise werden Erklärungen für die Grafik angeboten, teilweise wird aber auch der mathematische Hintergrund kurz umrissen oder ein Anwendungsüberblick gegeben.

Drucken des Bildschirminhalts

Die Ausgabe der Grafik auf einem Drucker wird ohne Verlassen des Programmes nur unterstützt, falls der *IBM-Grafikdrucker* II oder kompatible Geräte mit den *VDI*-Treibern initialisiert wurden.

1.) Nach Fertigstellung der Grafik auf dem Bildschirm gleichzeitig die Tasten <↑> und <*Print*> (deutsch: <*Druck*>) betätigen.

2.) Durch Drücken von <*Enter*> wieder auf die Eingabeseite zurückgehen.

3.) Gleichzeitig die Tasten <*Ctrl.*> (deutsch: <*Strg*>), <*Alt*> und <*Print*> (deutsch: <*Druck*>) betätigen.

3 Programmierung und Probleme der Computergrafik

Benutzte Software

Sämtliche VISU-Programme sind in *FORTRAN* geschrieben und wurden mit dem *Microsoft-4.1*-Compiler übersetzt. Das Programm für die Steuerung des Hauptmenüs wurde in *Turbo Pascal 3.0* angefertigt, die systemnahen Routinen für die Bildschirm- und Tastatursteuerung in *Macro Assembler 1.0*. Die Quellprogramme enthalten Grafik-Routinen mit Schnittstellen zum *Graphics Development Toolkit 1.0* , einer *IBM*-Grafik-Software, und zur Grafiksprache *HP-GL (Hewlett Packard Graphical Language)*.

Rechengenauigkeit

In den VISU-Programmen wird aus Gründen der Speicherplatzersparnis nur mit einer einfachen Genauigkeit *(REAL*4)* gerechnet. Bei Divisionen durch betragsmäßig kleine Werte kann es daher durch Verlassen des für den Rechner zulässigen Zahlenbereiches häufiger zu Programmabbrüchen kommen, als dies bei einer doppelten Genauigkeit der Fall wäre. Werte, die betragsmäßig größer als 10^{20} sind, werden in der Grafik nicht mehr dargestellt.

Achsen- und Höhenlinienbeschriftung

Die Zahlen zur Beschriftung der Achsenmarkierungen bestehen aus maximal sechs Zeichen. Bei kleineren Bereichen wird entsprechend gerundet (vgl. *Beispiel 1.1.3*). Höhenlinien werden nur mit Werten beschriftet, die betragsmäßig kleiner als 10^5 sind.

Nicht definierte Bereiche

Kommen in einem gewünschten Intervall nicht definierte Bereiche einer Funktion vor, so wird das Programm nicht abgebrochen, sondern die entsprechenden Bereiche bleiben in der Zeichnung einfach unberücksichtigt.

Beispiel: $f(x) = (sin(x))^{1/2}$, $x \in [-1, 1]$.
Im Intervall *[-1,0)* wird nichts gezeichnet.

Grenzen der Computervisualisierung

Probleme mit Computergrafiken kann es geben, wenn numerische Rundungsfehler entstehen, die gewählte Anzahl der Auswertungen zu gering ist oder der zulässige Bereich der Zahlendarstellung im Rechner verlassen wird.

Wir haben in vielen Fällen Fehler, die durch Nullteilung oder "Overflow" entstehen, abgefangen. Auftreten können solche Fehler besonders bei numerischen Methoden, bei denen in einem Iterationsschritt der Nenner Null wird, oder beim "Zooming" (vgl. *Beispiel 1.1.2*), das auf eine Vergrößerung des Achsenmaßstabes hinausläuft und dazu führen kann, daß numerisch die Anzahl der Achseneinheiten pro Zeicheneinheit Null wird. Ein zu kleiner Achsenabschnitt kann womöglich auch berechnet werden, wenn man für die Y-Intervallgrenzen vom Programm das Maximum und Minimum der Funktion auf dem gewünschten X-Intervallausschnitt bestimmen läßt. In solchen Fällen wird vom Programm eine Meldung ausgegeben, die auf die Art des Fehlers hinweist und die Eingabe kann verändert werden. Sollte trotz sorgfältiger Prüfung ein Fehler nicht abgefangen werden und einen "Absturz" des Programmes verursachen, so ist dieses neu aufzurufen. Für den Fall, daß Sie Probleme bei der Benutzung haben, wäre ich Ihnen für Hinweise und Fragen dankbar.

Mit folgenden Beispielen werden Grenzen der grafischen Darstellung deutlich.

Beispiel 1

Zeichnen Sie mit *Programm 1.1* die Funktion $f(x) = tan(x)$ für $x \in [-10, 10]$ und $y \in [-10, 10]$. Bei einer Auswertung von *250* Punkten (Bild 1) erhalten Sie eine zufriedenstellende Wiedergabe des Funktionsverlaufes an den Polstellen. Eine Auswertung von *100* Punkten (Bild 2) ist jedoch unzureichend, denn Polstellen können nur erkannt werden, wenn in ihrer Nähe betragsmäßig hinreichend große Werte berechnet werden, was bei einer zu groben Berechnungsdichte nicht der Fall sein muß.

Es sollte möglichst keine Auswertung direkt an der Polstelle vorgenommen werden. Generell ist beim Vorliegen von Polstellen die Wahl einer festen Begrenzung der Y-Achse empfehlenswert.

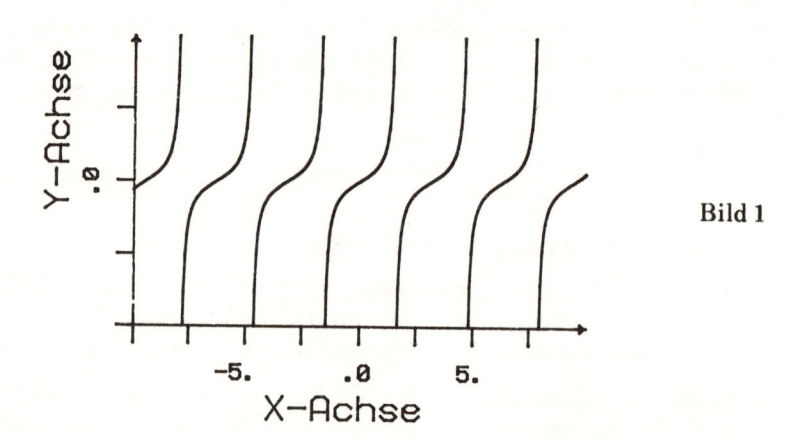

Bild 1

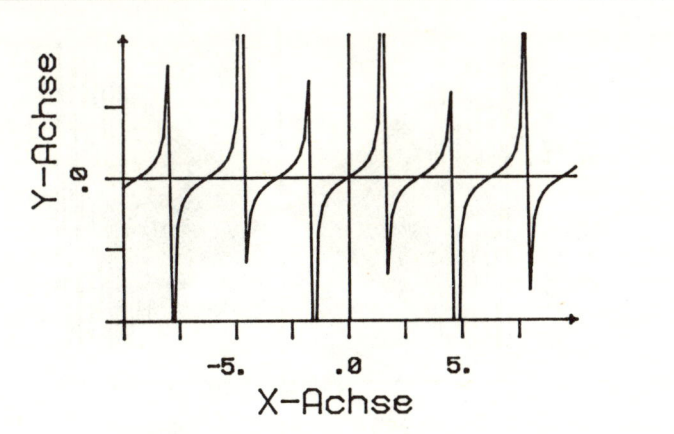

3 Programmierung und Probleme der Computergrafik

Bild 2

Beispiel 2

Betrachten Sie $f(x) = x \cdot \sin(1/x)$ für $x \in [-0.01, 0.01]$, und lassen Sie die Y-Intervallgrenzen offen. Zeichnen Sie mit einer Auswertung von *150* (Bild 3) und *1000* Punkten (Bild 4).

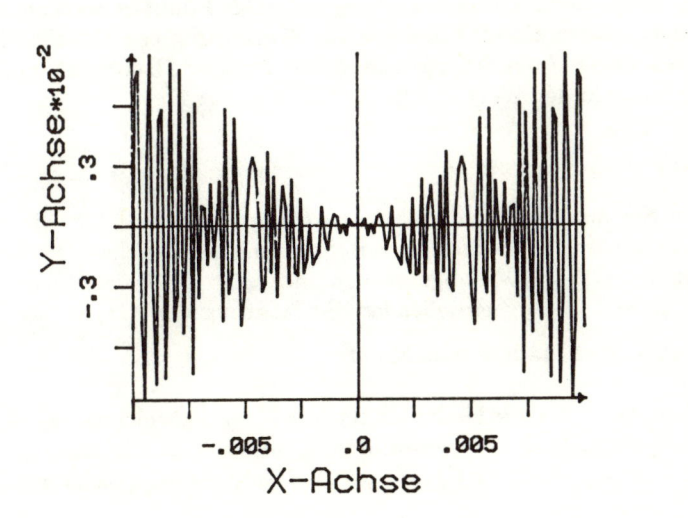

Bild 3

Bild 4

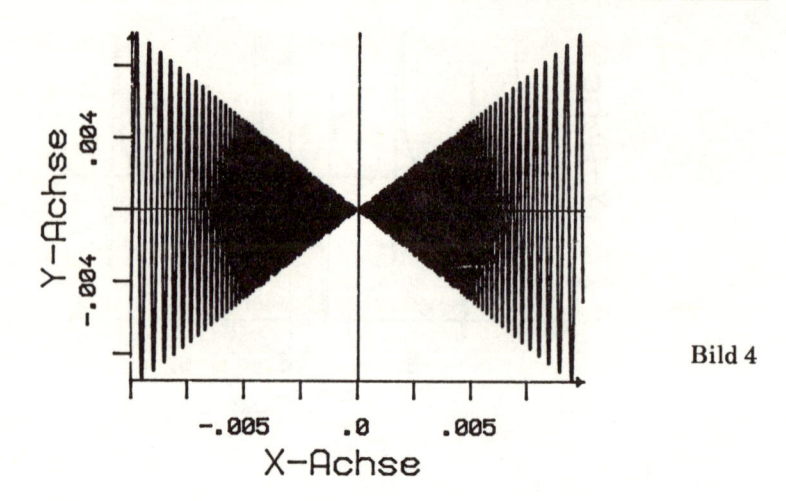

Beispiel 3

Zeichnen Sie $f(x) = sin(x)$ für $x \in [0, 30.]$, und lassen Sie die Y-Intervallgrenzen offen. Bei einer Auswertung von *100* Punkten werden wesentlich ungenauere Werte als *-1.0* und *1.0* als Begrenzung der Y-Achse berechnet. Selbst bei einer Auswertung von *3000* Punkten bekommt man für die Untergrenze nur den Wert *-0.999*.

Beispiel 4

Zeichnen Sie mit dem *Funktionsauswertungsprogramm 1.1* die Funktion $f(x) = exp(x)$ für $x \in [0., 50.]$ ohne Begrenzung der Y-Achse. Die Auswertung wird bei $y = f(x) > 10^{20}$ abgebrochen und $y_M = 10^{20}$ als Obergrenze der Y-Achse gesetzt. Bei anschließender Betrachtung der Grafik der Funktion $f(x) = ln(exp(x))$ fällt folgendes auf:

Die Gerade $f(x) = x$ wird lediglich für $x \in [0, x_M]$ gezeichnet, wobei x_m die größte ausgewertete Zahl im gewählten X-Intervall ist mit $exp(x_m) \leq 10^{20}$. Für alle $x > x_m$ wird eine Gerade parallel zur X-Achse gezeichnet.

Andere interessante Fälle sind *Beispiel 1.1.6* (Pseudonullstellen) oder *Beispiel 1.1.3*, wo es Probleme mit der Achsenbeschriftung gibt. Allgemeines zu Überraschungseffekten bei der Erstellung von Computergrafiken findet man bei *Schaper [1986]*.

II Das VISU-Programm

In den folgenden Kapiteln werden alle VISU-Programme nach Themengebieten geordnet vorgestellt und beschrieben.

Jedes Kapitel enthält
- eine mathematische Einführung in die jeweiligen numerischen Verfahren
- Abschnitte mit Visualisierungsbeispielen, die jeweils einem VISU-Programm zugeordnet sind (gleiche Numerierung und Überschrift)
- Erläuterungen und Lösungen zu den Beispielen.

Die mathematische Einführung kann als Nachschlagewerk während des Arbeitens mit den Programmen benutzt werden, ihre Lektüre ist für das Verständnis der Programme erforderlich.

Die aufgerufenen Programme enthalten auf der Eingabeseite bereits ein Standardbeispiel, das unmittelbar durch Betätigung der $<F2>$-Taste ausgeführt werden kann. Dieses Standardbeispiel wird am Anfang des jeweiligen Kapitelabschnittes zusammen mit Programmabfragen beschrieben. Hinter den Eingabewerten des Standardbeispiels steht in Klammern das mögliche Wertespektrum für die Eingabe.

Die Veranschaulichungen werden ausführlich erklärt. Zu den Beispielen, die zum Experimentieren geeignet sind, werden Fragen gestellt, deren Beantwortung mit Hilfe der erstellten Grafik in der Regel nicht allzu schwer ist. Es wird empfohlen, zunächst selbst zu versuchen, die Grafiken zu interpretieren und nicht gleich den letzten Teil eines Kapitels mit den Erläuterungen und Lösungen aufzuschlagen.

Hinweis für das Arbeiten mit den Programmen

Falls in den Visualisierungsbeispielen die Wahl von *unbestimmten Y-Intervallgrenzen* empfohlen wird, so bedeutet dies, die Eingabefelder für das Y-Intervall leer zu belassen oder mit gleichen Eingabewerten zu belegen und damit als Begrenzung das Maximum und Minimum der gezeichneten Funktion durch Programmberechnung zu bestimmen. Die dazu berechneten Werte werden nach Verlassen der Grafik in das Eingabefeld für die Y-Intervallbegrenzung automatisch eingetragen. Bei jeder Eingabeveränderung für das Programm ist deswegen darauf zu achten, die Zahlen in den Eingabefeldern für das Y-Intervall erneut zu löschen.

Mit der Bezeichnung $x \in [a, b]$ ist gemeint, daß der Wert a die Untergrenze und b die Obergrenze des jeweiligen X-Intervalls bilden sollen.

1 Funktionen

Mittels eines Funktionsinterpreters können Funktionen einer und zweier Variablen gezeichnet werden. Es werden überwiegend Grundlagen aus der Analysis visualisiert, die keiner weiteren mathematischen Erläuterung bedürfen, an denen einige grundsätzliche Arbeitsmöglichkeiten mit VISU aber exemplarisch deutlich werden. In *Beispiel 1.2.1* wird angegeben, wie mit dem Programm zur Darstellung von Kurven zweier Veränderlicher Vektornormen im $\mathbb{R}^n$ veranschaulicht werden können. Als Grundlage dazu ist eine kurze mathematische Einführung erforderlich.

1.0 Mathematische Einführung

Normen im $\mathbb{R}^n$

Für viele numerische Anwendungen wird ein Längenbegriff für Vektoren aus dem $\mathbb{R}^n$ benötigt. Analog zu den Beträgen (| |) im eindimensionalen Raum soll eine *Norm* ($\|\ \|$) einen Vektor $\mathbf{x} := (x_1, x_2, \ldots, x_n) \in \mathbb{R}^n$ auf eine reelle Zahl abbilden. Wie für Beträge fordert man für Normen die folgenden Eigenschaften:

$$\|\mathbf{x}\| \geq 0 \text{ und } \|\mathbf{x}\| = 0 \Leftrightarrow \mathbf{x} = 0, \tag{1.1}$$

$$\|a\mathbf{x}\| = |a|\|\mathbf{x}\| \quad \text{für alle } a \in \mathbf{R}, \tag{1.2}$$

$$\|\mathbf{x} + \mathbf{y}\| \leq \|\mathbf{x}\| + \|\mathbf{y}\| \quad (\text{Dreiecksungleichung}). \tag{1.3}$$

Die gebräuchlichsten Normen, die diese Eigenschaften erfüllen, sind:

$$\|\mathbf{x}\|_1 := |x_1| + |x_2| + \ldots + |x_n|, \tag{1.4}$$

$$\|\mathbf{x}\|_2 := (x_1^2 + x_2^2 + \ldots + x_n^2)^{1/2}, \tag{1.5}$$

$$\|\mathbf{x}\|_p := (x_1^p + x_2^p + \ldots + x_n^p)^{1/p}, \tag{1.6}$$

$$\|\mathbf{x}\|_\infty := max\{|x_1|, |x_2|, \ldots, |x_n|\}. \tag{1.7}$$

Definition (1.5) läßt sich für den zweidimensionalen Fall sehr gut motivieren, denn die sogenannte *euklidische Norm* ist nichts anderes als die mit dem Satz von Pythagoras berechnete Länge des Vektors $\mathbf{x} = (x_1, x_2) \in \mathbf{R}^2$.

In anderen Kapiteln werden wir auch eine Norm für eine $n \times n$-Matrix A benötigen. Mit einer *Matrixnorm* möchte man die Größe von Vektoren $\mathbf{Ax}, \mathbf{x} \in \mathbb{R}^n$, abschätzen. Die Matrixnorm wird mit Hilfe der Vektornorm definiert.

$$\|\mathbf{A}\| := \sup_{\mathbf{x} \neq 0} \frac{\|\mathbf{A}\mathbf{x}\|}{\|\mathbf{x}\|} = \sup_{\|\mathbf{x}\| = 1} \|\mathbf{A}\mathbf{x}\|. \tag{1.8}$$

1 Funktionen

Unter Ausnutzung der Regel für die Matrizenmultiplikation und der Normeigenschaften (1.1) bis (1.3) bekommen wir mit beliebigen $n \times n$-Matrizen **A** und **B**:

$$\|\mathbf{A}\| \geq 0 \text{ und } \|\mathbf{A}\| = 0 \Leftrightarrow a_{jk} = 0, \; j = 1,\ldots,n, \; k = 1,\ldots,n, \tag{1.9}$$

$$\|a\mathbf{A}\| = |a|\|\mathbf{A}\| \quad \text{für alle } a \in \mathbf{R}, \tag{1.10}$$

$$\|\mathbf{A} + \mathbf{B}\| \leq \|\mathbf{A}\| + \|\mathbf{B}\|, \tag{1.11}$$

$$\|\mathbf{A}\mathbf{x}\| \leq \|\mathbf{A}\|\|\mathbf{x}\| \quad \text{für alle } \mathbf{x} \in \mathbf{R}^n. \tag{1.12}$$

Somit kann man über jede Vektornorm auch eine Norm für Matrizen definieren. Allerdings ist die durch $\|\mathbf{x}\|_2$ definierte Matrixnorm $\|\mathbf{A}\|_2$ nur schwer zu berechnen. Anders verhält es sich mit der von $\|x\|_1$ erzeugten Matrixnorm

$$\|\mathbf{A}\|_1 = \max_{k=1,\ldots,n} \sum_{j=1}^{n} |a_{jk}| \tag{1.13}$$

und der von $\|x\|_\infty$ erzeugten

$$\|\mathbf{A}\|_\infty = \max_{j=1,\ldots,n} \sum_{k=1}^{n} |a_{jk}| \tag{1.14}$$

Die Norm (1.13) bezeichnet man auch als *Spaltensummennorm*, da sie sich als Summenmaximum der Beträge der Matrixelemente in den Spalten berechnet. Die Norm (1.14) heißt entsprechend *Zeilensummennorm*.

1.1 Kurve mehrerer Funktionen

Es kann eine Grafik mit bis zu vier Kurven erstellt werden. Für jede Kurve muß angegeben sein, ob sie gezeichnet werden soll oder nicht. Damit besteht die Möglichkeit, zwar mehrere Funktionen anzugeben, jedoch nicht alle auf einmal zeichnen zu lassen.

Programmabfragen mit Standardbeispiel

1. Funktion: $f(x) = 2\sin(x) + \sin(2x + \pi/2)$ Zeichnen: *Ja (J/N)*
2. Funktion: $g(x) = 2\sin(x)$ Zeichnen: *Ja (J/N)*
3. Funktion: $h(x) = \sin(2x + \pi/2)$ Zeichnen: *Ja (J/N)*
4. Funktion: $k(x) = 0$ Zeichnen: *Nein (J/N)*
X-Intervallgrenzen: *[0, 8]*
Y-Intervallgrenzen: *[-4, 3]*
Auswertungen: *500*   *(100 - 3000)*.

Je mehr Kurven gezeichnet werden, desto länger ist bei gleichbleibender Anzahl der Auswertungen die Rechenzeit. Neben den angeführten Beispielen können Sie dieses Programm nutzen, um zu untersuchen, wie sich der Graph einer Funktion bei Parametervariation verändert, oder um Kurven mit ihren Asymptoten einzuzeichnen.

In den ersten drei Beispielen wird nur jeweils eine Funktion gezeichnet.

Beispiel 1.1.1 Grenzwertbestimmung

$f(x) = (1 + x)^{1/x}$, $x \in [0, 1]$, *Y-Intervallgrenzen unbestimmt.*

Die vom Programm berechnete obere Grenze für die Y-Achse, die stets oberhalb der Zeichnung angegeben wird, ist der Grenzwert der Funktion für $x \to 0$. Dies ist die Zahl *e*, die mit einer wachsenden Anzahl von Auswertungen immer exakter berechnet werden kann. Bei *3000* Funktionsauswertungen ist $y_{max} = 2.7177$.

Mittels "Zooming" (*Beispiel 1.1.2*) ließe sich eine weitere Verbesserung erzielen.

Beispiel 1.1.2 "Zooming"

$f(x) = x \cdot \sin(1/x)$, $x \in [-2, 2]$, *Y-Intervallgrenzen unbestimmt.*

An diesem Ausschnitt ist bereits in etwa zu erkennen, daß $\lim_{x \to \infty} \{x \cdot \sin(1/x)\} = 1$ ist. Im Zweifelsfalle vergrößern Sie das X-Intervall.

Unklar bleibt der Verlauf der Funktion in der Nähe des Nullpunktes. Mit einem "Zooming", einer näheren Betrachtung der Kurve beispielsweise im

1 Funktionen

Intervall *[- 0.01, 0.01]*, können Sie mehr erfahren. (Vgl. I , 3, *Beispiel 2*). Beachten Sie dabei die Anzahl der Auswertungen.

Das "Zooming" mit VISU kann aus zweierlei Gründen, die schon in **Abschnitt I .3** erwähnt wurden, auf Grenzen stoßen. Zum einen besteht die Möglichkeit, daß numerisch die Anzahl der Achseneinheiten pro Zeicheneinheit mit Null berechnet und damit eine Nullteilung verursacht wird und zum anderen kann die zulässige Zeichenanzahl bei der Beschriftung der Achsenmarkierungen überschritten werden. Im ersten Fall muß das "Zooming" beendet werden und im zweiten ist höchstens durch eigenes Abzählen der Achsenmarkierungen Abhilfe zu schaffen.

Beispiel 1.1.3 Nullstellenbestimmung

$f(x) = x^4 - 16 x^3 + 500 x^2 - 8000 x + 32000$.

Zur Berechnung einer Nullstelle der Funktion wählen Sie zunächst $x \in [0, 20]$ und $y \in [-5000, 5000]$. Versuchen Sie anschließend, die zweite der beiden Nullstellen durch "Zooming" näher zu bestimmen. Sie erreichen eine Eingrenzung im Intervall *[11.71, 11.72]*. Ein Anwendungsbeispiel für diese Aufgabe finden Sie bei *Demana / Waits [1987]*.

Bei einer Verkleinerung des Intervalls über die hier angegebenen Werte hinaus ist ebenso wie in *Beispiel 1.1.2* mit einer Nullteilung zu rechnen.

Beispiel 1.1.4 Gleichmäßige und punktweise Konvergenz

$f_n(x) = x/(1 + n^2 x^2), n = 1, 4, 10, 20$,
$g_n(x) = n x/(1 + n^2 x^2), n = 2, 8, 30, 100$, *jeweils 4 Funktionen*,
$x \in [0, 1]$, *Y-Intervallgrenzen unbestimmt, Auswertungen: 500 Punkte*.

Die eine der beiden Funktionen konvergiert auf *[0, 1]* punktweise gegen die Nullfunktion, die andere nicht. Durch das Einsetzen verschiedener Werte für n ist dies aus der Grafik zu ersehen.

Quelle: *Bronstein [1989]*.

Beispiel 1.1.5 Schnittpunkt zweier Kurven

$f(x) = 3 x^2 - 2x + 1$, $g(x) = 3 - x + x^5$, $x \in [-5,5]$, $y \in [-3,7]$, *Auswertungen: 300 Punkte*.

Aus der Zeichnung wird ersichtlich, daß die Kurven nur einen Schnittpunkt haben. Mittels "Zooming" läßt sich der Schnittpunkt schnell auf das X-Intervall *[-0.65, -0.64]* und das Y-Intervall *[3.53, 3.54]* einengen.

Beispiel 1.1.6 Pseudonullstellen

$$f(x) = e^x - (1 + x + \frac{1}{2} x^2) , \quad g(x) = \frac{1}{6} x^3 + \frac{1}{24} x^4,$$

$x \in [-0.02, 0.02]$, *Y-Intervallgrenzen unbestimmt, Auswertungen: 999.*

Wegen

$$e^x = \sum_{j=0}^{\infty} \frac{x^j}{j!}$$

müßten *f(x)* und *g(x)* ungefähr gleich sein. Beide Funktionen haben bei $x = 0$ eine Nullstelle.

Der Graph der Funktion *f(x)* unterliegt relativ großen Schwankungen. Es handelt sich dabei um Rundungsfehler, die bei transzendenten Funktionen wie *sin x* und e^x besonders groß sind, da diese rechnerintern approximiert werden. Die berechnete und hier dargestellte Funktion $f(x)$ hat im Gegensatz zu $g(x)$ offensichtlich nichts mehr mit der exakten Funktion zu tun. Sie täuscht sogar Pseudonullstellen an anderen Stellen als $x = 0$ vor. Es wäre also größte Vorsicht geboten, wollte man die Nullstelle einer solchen Funktion numerisch berechnen. Quelle: *Niederdrenk / Yserentant [1987], S. 212.*

Die letzten beiden Beispiele sind thematisch auch den Kapiteln 2 und 3 zuzuordnen.

Beispiel 1.1.7 Fehler bei der Polynominterpolation (Kapitel 2)

Der Fehler bei der Polynominterpolation hängt nach Formel (2.14) in starkem Maße von der Funktion

$$g(x) = (x - x_0)(x - x_1) \ldots (x - x_n)$$

ab, wobei die x_j, $j = 0, \ldots, n$, die Interpolationsstützstellen sind. Nun können Sie *g(x)* einmal mit äquidistanten und einmal mit den Tschebyscheff-Stützstellen (2.12) auf dem *X-Intervall [-1, 1]* betrachten. Wählen Sie dazu 7 *Stützstellen, die Y-Intervallgrenzen unbestimmt.*

$$a)\ g(x) = (x - 1)(x - \frac{2}{3})(x - \frac{1}{3}) x (x + \frac{1}{3})(x + \frac{2}{3})(x + 1)$$

$$b)\ g(x) = \prod_{j=0}^{6} (x - \cos\frac{j\pi}{6}).$$

Beispiel 1.1.8 Bernstein-Polynome (Kapitel 3)

Veranschaulichen Sie die Bernstein-Polynome

$$B_i^3(x) = \binom{3}{i}(1 - x)^{3-i} x^i, \quad i = 0, \ldots, 3, \quad x \in [0, 1].$$

Die Bernstein-Polynome bilden eine Basis für die Bézier-Polynome (Kap. 3).

1 Funktionen

1.2 Kurve einer Funktion zweier Veränderlicher

Funktionen $f: \mathbb{R}^2 \to \mathbb{R}$, $f(x, y) = z$, werden in einer 3-D-Parallel-Projektion gezeichnet, bei der die Z-Achse parallel zur Y-Achse der Zeichenebene verläuft. Die Funktionswerte werden über einem orthogonalen Raster als Fläche dargestellt.

Programmabfragen mit Standardbeispiel

Funktion	$f(x,y) = sin((x^2+y^2)^{1/2})$	
X-Intervallgrenzen:	*[-8, 8]*	
Y-Intervallgrenzen:	*[-8, 8]*	
Zeichnen mit verdeckten Kanten:	*Nein*	*(J/N)*
Drehung gegen den Uhrzeigersinn:	*30°*	*(1 - 89°)*.
Kippen nach vorne:	*30°*	*(20 - 50°)*
Auswertungen:	*25*	*(3 - 50)*.

Die Auswertungen werden in diesem Fall jeweils auf dem X- und dem Y-Intervall vorgenommen. Zwischen den ausgewerteten Punkten wird interpoliert. Der Standard von 25 liefert in vielen Fällen keine guten Zeichnungen, insbesondere nicht beim Vorliegen von Polstellen oder dicht aufeinander folgenden Extremwerten. Allerdings ist bei der 3-D-Darstellung in stärkerem Maße als im zweidimensionalen Fall eine größere Zeichengenauigkeit mit einem höheren Rechenaufwand und entsprechend längerer Wartezeit verbunden.

Das Programm berechnet Maximum und Minimum der Funktion in den angegebenen Intervallgrenzen und setzt damit die Begrenzungen der Z-Achse fest.

Beispiel 1.2.1 Vektornormen im $\mathbb{R}^2$

Visualisierung der Normen (1.4) bis (1.7).

a) $f_1(x_1, x_2) = \|\mathbf{x}\|_1 = |x_1| + |x_2|$, $\mathbf{x} \in \mathbb{R}^2$, $x_1, x_2 \in \mathbb{R}$

b) $f_2(x_1, x_2) = \|\mathbf{x}\|_2 = (x_1^2 + x_2^2)^{1/2}$

c) $f_p(x_1, x_2) = \|\mathbf{x}\|_p = (x_1^p + x_2^p)^{1/p}$, $(p = 10)$

d) $f_\infty(x_1, x_2) = \|\mathbf{x}\|_\infty = max\{|x_1|, |x_2|\}$

$x_1 \in [-1, 1]$, $x_2 \in [-1, 1]$.

Wodurch ist der Name für die Norm $\|\ \|_\infty$ gerechtfertigt?

Beispiel 1.2.2 Kurvendiskussion

$$f(x,y) = \frac{sin(2x^2 + y^2)}{x^2 + y^2} \quad \text{für} \quad (x, y) \neq (0, 0) \ , \quad f(x, y) = 0 \quad \text{für} \quad (x, y) = 0,$$

$x \in [-4., 4.]$, $y \in [-4., 4.]$.

Die Zusatzdefinition können Sie nicht mit eingeben, und Sie sehen auch nicht, was in der Nähe des Punktes *(0, 0)* geschieht. Um überprüfen zu können, ob die Zusatzdefinition im Nullpunkt sinnvoll ist, wäre es wichtig, das Verhalten der Funktion in der Nähe des Ursprungs zu kennen.

Nun kann man sich zumindest recht leicht die Grenzwerte von $f(x, 0)$ für $x \to 0$ und von $f(0, y)$ für $y \to 0$ anschauen. Durch die Wahl von $x \in [-0.75, 0.75]$ und $y \in [0.001, 0.1]$, *Drehung um 10°*, ist grafisch nachzuvollziehen, daß für den ersten Grenzwert *1* herauskommt und durch Wahl von $x \in [0.001, 0.1]$ und $y \in [-0.75, 0.75]$, *Drehung um 80°*, der Grenzwert von *2* für den zweiten Fall. Die Grenzwerte sind insofern einfach aus der Zeichnung abzulesen, als sie einmal die Unter- und einmal die Obergrenze des Z-Intervalls bilden. Ein einheitlicher Grenzwert existiert im Ursprung also nicht. In der Grafik bekommen wir eine Ahnung davon, wenn wir beispielsweise den Ausschnitt $x \in [-0.6, 0.6]$ und $y \in [-0.6, 0.6]$ mit einer *Drehung von 30°* wählen.

Es ist nach Möglichkeit zu vermeiden, direkt an einer Polstelle auszuwerten. Die berechneten Werte für die Achsenbegrenzungen werden dann zu groß.

In den nächsten beiden Beispielen geht es ebenfalls um Kurvendiskussion.

Beispiel 1.2.3 Partielle Ableitungen

$$f(x,y) = \frac{xy(x^2 - y^2)}{x^2 + y^2} \quad \text{für } (x,y) \neq (0,0),$$

$f(x,y) = 0$ \quad für $(x,y) = (0,0)$,

$x \in [-1.2, 1.2]$, $y \in [-1.2, 1.2]$.

Es handelt sich um ein Beispiel einer Funktion mit unterschiedlichen gemischten partiellen Ableitungen im Ursprung, das in vielen Lehrbüchern erwähnt wird.

Beispiel 1.2.4 Extremwerte

$f(x,y) = (2 + \cos \pi x)(\sin \pi y)$, $x \in [-2, 2]$ und $y \in [-2, 2]$.

Durch "Zooming" lassen sich die Extremwerte einer Funktion näherungsweise bestimmen.

Zum Abschluß noch ein optisch schönes Beispiel:

Beispiel 1.2.5 Hundesattel

$f(x,y) = 4x^3y - 4xy^3$, $x \in [-1.2, 1.2]$ und $y \in [-1.2, 1.2]$.

1 Funktionen

1.3 Höhenlinien einer Funktion zweier Veränderlicher

Eine oft attraktive Variante zu 3-D-Projektionen von Funktionen $f: \mathbb{R}^2 \to \mathbb{R}$ ist das Zeichnen von Höhenlinien. Alle Punkte der X-Y-Ebene, die auf einer Höhenlinie liegen, haben den gleichen Funktionswert. Der VISU-Benutzer kann im Einzelfall selbst entscheiden, welche Darstellung er vorzieht.

Die Höhenlinien werden nach folgender Methode berechnet: Auf die X-Y-Ebene wird ein Gitter gelegt, das sich durch die Anzahl der auszuwertenden Punkte in beide Richtungen ergibt. Zwischen den vier Stützwerten eines jeden Gitterrechteckes wird der jeweilige Funktionswert des Mittelpunktes durch ein bilineares Polynom interpoliert und das Rechteck so in vier Dreiecke zerlegt. Mittels linearer Interpolation wird schließlich der Punkt berechnet, an dem eine bestimmte Höhenlinie eine Dreiecksseite passiert.

Programmabfragen mit Standardbeispiel

Funktion:	$f(x,y) = sin((x^2 + y^2)^{1/2})$	
X-Intervallgrenzen:	*[-8, 8]*	
Y-Intervallgrenzen:	*[-8, 8]*	
Höhenlinienintervall:	*[-1., 1.]*	
Anzahl der Höhenlinien:	*21*	*(2 - 99)*
Auswertungen	*30*	*(10 - 120)*.

Bei der Wahl der Höhenlinien ist zu beachten, daß die ersten beiden Höhenlinien jeweils auf der Unter- und Obergrenze des gewünschten Intervalls liegen. Die übrigen werden äquidistant über das Intervall verteilt.

Höhenlinien werden nur beschriftet, wenn sie oben oder rechts auf den Zeichenrand treffen. Bei geschlossenen Höhenlinien fällt daher eine Orientierung über Auf- und Abstiegsrichtungen der Funktion schwer. In einem solchen Fall wird das Heranziehen der 3-D-Darstellung zum Vergleich empfohlen.

Beispiel 1.3.1 Banane

$f(x,y) = (y - x^2)^2 + (1 - x)^2$, $x \in [-4, 4]$, $y \in [-7, 16]$, Höhenlinienintervall: *[0, 50]*, 26 Höhenlinien, Auswertungen: 40.

Diese Funktion hat im Höhenliniendiagramm das Aussehen einer Banane. Für das Beobachten der Auf- und Abstiegsrichtungen der Funktion bietet diese Darstellung gewisse Vorteile. Vergleichen Sie mit der 3-D-Projektion!

Eine gute Übung für das räumliche Vorstellungsvermögen ist es, sich mit der Betrachtung des Höhenliniendiagramms zu überlegen, wie wohl die 3-D-Darstellung derselben Funktion aussehen mag und dann die Vorstellung zu überprüfen. Der umgekehrte Weg ist natürlich genauso möglich. Betrachten Sie die Beispiele aus *Abschnitt 1.2* im Höhenliniendiagramm.

Erläuterungen und Lösungen zu Kapitel 1

Kurven zweier Veränderlicher

Beispiel 1.2.1: Es gilt

$$\|x\|_\infty = max\{|x_1|, |x_2|, \ldots, |x_n|\} \leq \left(\sum_{i=1}^n x_i^p\right)^{1/p} = \|x\|_p \leq$$

$$\leq (n(max\{|x_1|, |x_2|, \ldots, |x_n|\})^p)^{1/p} = n^{1/p} \|x\|_\infty .$$

Damit ist

$$\lim_{p \to \infty} \{\|x\|_p\} = \|x\|_\infty , x \in \mathbf{R}^n .$$

In der Grafik läßt sich dies durch Zeichnung von $f(x) = \|x\|_p$ für großes p und anschließendem Vergleich mit $f(x) = \|x\|_\infty$ (Bild 5) nachvollziehen.

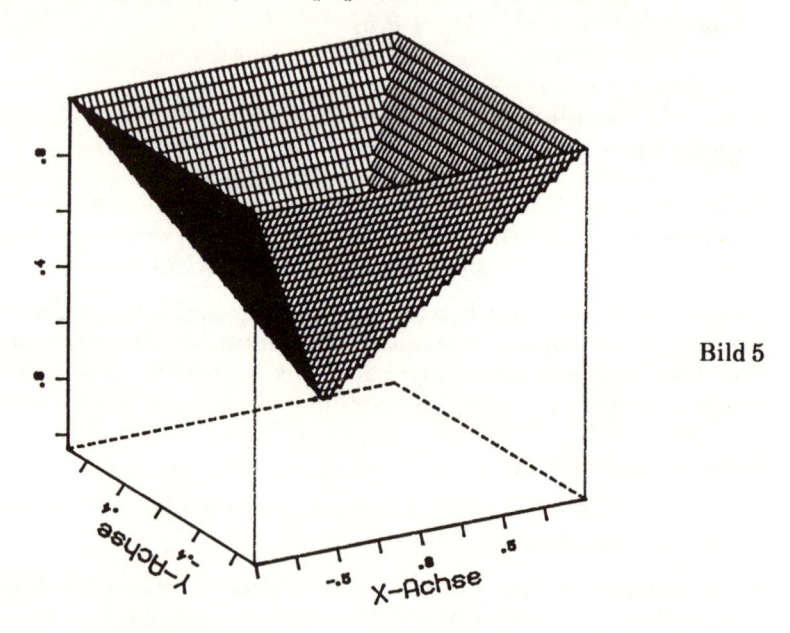

Bild 5

Literatur zum 1. Kapitel

Eine Reihe von interessanten Beispielen für die grafische Kurvendiskussion, insbesondere für den dreidimensionalen Fall, finden Sie bei *Demana / Waits [1987], Frantz [1986] und Purcell / Varberg [1987]*.

2 Interpolation

2.0 Mathematische Einführung

Problemstellung

Gegeben seien $n+1$ paarweise verschiedene *Stützstellen*

$x_0, x_1, x_2 \ldots \ldots, x_n$, $x_i \in \mathbb{R}$, $i = 0, \ldots \ldots, n$,

und dazugehörige *Stützwerte*

$f_0, f_1, f_2, \ldots \ldots, f_n$, $f_i \in \mathbb{R}$, $i = 0, \ldots \ldots, n$.

Gesucht ist eine reellwertige Funktion $g(x)$ mit

$$g(x_i) = f_i, \qquad i = 0, \ldots, n. \qquad (2.1)$$

Die Paare (x_i, f_i), $i = 0, \ldots \ldots, n$, nennt man *Stützpunkte*.

Ein solches Interpolationsproblem tritt auf, wenn zu Meßreihen oder Tabellenwerten eine Zuordnungsvorschrift gefunden werden soll. Mitunter kann es auch darum gehen, eine Funktion zu approximieren, deren Funktionswerte nur durch aufwendige Berechnungen zu erhalten sind.

Die in VISU behandelten Interpolationsmethoden werden im folgenden vorgestellt:

A. Polynominterpolation

Die gesuchte interpolierende Funktion soll in diesem Fall ein Polynom höchstens *n-ten* Grades,

$$g(x) = p_n(x) = a_0 + a_1 x + \ldots \ldots + a_n x^n, \qquad (2.2)$$

sein.

Existenz und Eindeutigkeit

Das Interpolationspolynom (2.2) *existiert* und ist *eindeutig bestimmt*:

Wir zeigen die *Existenz* des Polynomes durch Konstruktion der sogenannten *Lagrangeschen Basispolynome*

$$L_j(x) = \prod_{\substack{k=0 \\ k \neq j}}^{n} \frac{x - x_k}{x_j - x_k}, \quad j = 0, \ldots, n. \qquad (2.3)$$

Diese Polynome sind vom Grad n und besitzen die Eigenschaft

$$L_j(x_k) = 0 \text{ für } j \neq k \text{ und } L_j(x_k) = 1 \text{ für } j = k. \tag{2.4}$$

Damit gelten für das Polynom

$$p_n(x) = f_0 L_0(x) + f_1 L_1(x) + \ldots + f_n L_n(x) \tag{2.5}$$

die geforderten Interpolationseigenschaften (2.1). Da es höchstens vom Grad n ist, haben wir das gesuchte Polynom gefunden.

Die *Eindeutigkeit* des Interpolationspolynoms kann indirekt bewiesen werden. Gäbe es zwei verschiedene Polynome jeweils n-ten Grades $p_n(x)$ und $q_n(x)$ mit

$$p_n(x_k) = q_n(x_k) = f_k , \quad k = 0, \ldots, n,$$

dann wäre $d_n(x) = p_n(x) - q_n(x)$ ein Polynom höchstens n-ten Grades mit $n+1$ paarweise verschiedenen Nullstellen $x_0, \ldots, x_n$. Dies ist nach dem Fundamentalsatz der Algebra nicht möglich, also muß $d_n(x) = 0$ sein, was $p_n(x) = q_n(x)$ bedeutet.

Die Interpolationspolynome sind also unabhängig von verschiedenen Darstellungsarten immer identisch.

Berechnung des Interpolationspolynoms

Zur Berechnung des Interpolationspolynoms eignen sich numerisch die Methoden von *Lagrange* und *Newton*. Die Lagrangesche Methode wurde mit der Formel (2.5), der *Lagrangeschen Interpolationsformel*, bereits vorgestellt. In Abschnitt 2.1 wird diese Methode an einem Beispiel visualisiert.

In der *Newtonschen Darstellung* wird das Interpolationspolynom in der folgenden Form geschrieben:

$$p_n(x) = b_0 + b_1(x - x_0) + b_2(x - x_0)(x - x_1) + \ldots$$
$$\ldots + b_n(x - x_0)(x - x_1) \ldots (x - x_{n-1}) \tag{2.6}$$

Die unbekannten Koeffizienten $b_0, b_1, b_2, \ldots, b_n$ könnten aus den Interpolationsbedingungen

$$\begin{aligned}
p_n(x_0) &= b_0 & &= f_0 \\
p_n(x_1) &= b_0 + b_1(x - x_0) & &= f_1 \\
p_n(x_2) &= b_0 + b_1(x - x_0) + b_2(x - x_0)(x - x_1) & &= f_2 \\
&\vdots \\
p_n(x_n) &= f_0 + b_1(x - x_0) + \ldots + b_n(x - x_0)(x - x_1) \ldots (x - x_{n-1}) &&= f_n
\end{aligned} \tag{2.7}$$

2 Interpolation

sukzessive berechnet werden. In der Regel bestimmt man die Koeffizienten jedoch mit dem einfacher zu berechnenden Differenzenschema

x_j	$f(x_j)$	1. div. Differenz	2. div. Differenz	....	n. div. Differenz
x_0	$f_0 \; =: f[x_0]$				
		$f[x_0,x_1]$			
x_1	$f_1 \; =: f[x_1]$		$f[x_0,x_1,x_2]$		
		$f[x_1,x_2]$			
x_2	$f_2 \; =: f[x_2]$				
$\vdots$	$\vdots$				$:f[x_0,\ldots,x_n]$
x_{n-1}	$f_{n-1} =: f[x_{n-1}]$				
		$f[x_{n-1},x_n]$			
x_n	$f_n \; =: f[x_n]$				

(2.8)

Die Größen $f[x_j, \ldots, x_{j+k}]$ werden *dividierte Differenzen k-ter Ordnung* genannt und mittels

$$f[x_o] := f_0, \ldots, f[x_n] := f_n \qquad (2.9)$$

und

$$f[x_j, \ldots, x_{j+k}] := \frac{f[x_{j+1}, \ldots, x_{j+k}] - f[x_j, \ldots, x_{j+k-1}]}{x_{j+k} - x_j},$$

$$k = 1, \ldots, n, \qquad j = 0, \ldots, n-k, \qquad (2.10)$$

Spalte für Spalte rekursiv berechnet. Die Koeffizienten $b_j, j = 0, \ldots, n$ aus (2.6) stehen dann in der obersten Schrägzeile von (2.8),

$$b_j = f[x_o, \ldots, x_j], \; j = 0, \ldots, n. \qquad (2.11)$$

Die Berechnung und Visualisierung der dividierten Differenzen wird in *Abschnitt 2.2* anhand eines Beispiels beschrieben.

Stützstellenstrategien

Die Approximationsqualität eines Interpolationspolynoms läßt sich mitunter durch die Wahl einer geeigneten Stützstellenstrategie entscheidend verbessern. So kann man die Anzahl der Stützstellen verändern, die Abstände zwischen ihnen äquidistant wählen oder sie nach anderen Kriterien festlegen. *Programm 2.3* bietet die Möglichkeit, diese Strategien grafisch miteinander zu vergleichen, auf ihre Effektivität zu untersuchen und Konvergenzbetrachtungen anzustellen, d. h. zu prüfen, inwieweit die Interpolationspolynome bei Erhöhung der Anzahl der Stützstellen gegen die zu interpolierende Funktion konvergieren.

Als weitere Stützstellenstrategie wird in VISU die Wahl der sogenannten *Tschebyscheff-Stützstellen* angeboten:

Diese sind auf dem Intervall *[-1, 1]* durch

$$x_j := \cos \frac{j\pi}{n} \quad , j = 0, \ldots, n, \tag{2.12}$$

definiert und können durch

$$x_j := \frac{a+b}{2} + \frac{b-a}{2} \cos \frac{j\pi}{n} \quad , j = 0, \ldots, n, \tag{2.13}$$

auf das Intervall *[a, b]* transformiert werden. Aufgrund des Verlaufes der Cosinus-Funktion ist die Verteilung der Stützstellen an den Rändern des Intervalls dichter als in dessen Mitte.

Fehler bei der Polynominterpolation

Falls *f* im Intervall *[x_0, x_n]* mit den Stützstellen $x_0 < x_1 < \ldots < x_n$ *(n + 1) -* mal stetig differenzierbar ist, kann man für den Fehler des Interpolationspolynoms $p_n(x)$ mit Hilfe des *Satzes von Rolle* folgende Abschätzung finden:

$$f(x) - p_n(x) = \frac{f^{(n+1)}(\xi)}{(n+1)!} \prod_{j=0}^{n} (x - x_j) \quad \forall x \in [x_0, x_n] \, , \, \xi \in (x_0, x_n). \tag{2.14}$$

Anwendung der Polynominterpolation

Früher wurde die Polynominterpolation häufig zur Interpolation von Funktionswerten aus Tafelwerken benutzt. Seit dem Aufkommen elektronischer Rechenanlagen ist ihre Verwendung in dieser Hinsicht zurückgegangen. Eine große Rolle spielt die Polynominterpolation bei der Ableitung von Formeln für die numerische Integration, Differentiation und Extrapolation bzw. bei der Gewinnung von Algorithmen zur Konvergenzbeschleunigung.

Mit *Programm 2.5* können Sie die Approximationsqualität der Polynominterpolation im Vergleich zu anderen Interpolationsmethoden studieren und mit *Programm 2.4* die Auswirkung eines Meßwertfehlers auf die Interpolation untersuchen.

Auf einen Anwendungsfall, den der numerischen Differentiation, der auch in *Abschnitt 2.8* und *Beispiel 2.5.6* behandelt wird, wollen wir im folgenden genauer eingehen.

2 Interpolation

Numerische Differentiation

Funktionen $f(x)$ werden an einer festen Stelle x_0 numerisch differenziert, indem man f an der Stelle x_0 durch eine Funktion approximiert, deren Ableitung leicht zu bestimmen ist. Wir wählen uns als Approximationsfunktion zunächst den sogenannten zentralen Differenzenquotienten und zeigen an seinem Beispiel den Zusammenhang zur Polynominterpolation.

Der *zentrale Differenzenquotient* zur Berechnung der Ableitung einer Funktion $f(x)$ an der Stelle x_0 ist folgendermaßen definiert:

$$\delta_h f(x_0) = \frac{f(x_0 + h) - f(x_0 - h)}{2h} \,. \tag{2.15}$$

Die Taylor-Entwicklung von $f(x \pm h)$ liefert:

$$f(x_0 + h) = f(x_0) + h f'(x_0) + \frac{h^2}{2} f''(x_0) + \frac{h^3}{6} f'''(\xi) \,, \quad x_0 \leq \xi \leq x_0 + h,$$

und

$$f(x_0 - h) = f(x_0) - h f'(x_0) + \frac{h^2}{2} f''(x_0) - \frac{h^3}{6} f'''(\eta) \,, \quad x_0 - h \leq \eta \leq x_0,$$

$$\Rightarrow \delta_h f(x_0) = f'(x_0) + \frac{h^2}{6} (f'''(\xi) + f'''(\eta)), \tag{2.16}$$

was auch mit

$$\delta_h f(x_0) = f'(x_0) + O(h^2)$$

ausgedrückt werden kann. Man nennt $\delta_h f(x_0)$ eine *Näherung der Ordnung 2* für $f'(x_0)$.

Nun zum Zusammenhang mit der Polynominterpolation: Das Interpolationspolynom $p(x)$ zu den Stützstellen $x_0 - h$ und $x_0 + h$ genügt in der Newtonschen Darstellung (2.6) der Form:

$$p_1(x) = b_0 + b_1 (x - x_0 + h),$$

mit den nach (2.11) zu bestimmenden Koeffizienten

$$b_0 = f(x_0 - h)$$

und

$$b_1 = \frac{f(x_0 + h) - f(x_0 - h)}{2h} \,.$$

Da $p_1'(x) = b_1$ ist, erhält man als Ableitung genau den zentralen Differenzenquotienten. Der Differenzenquotient ist also nichts anderes als das abgeleitete Interpolationspolynom zu den Stützstellen $x_0 + h$ und $x_0 - h$.

Mit dem *vor- oder rückwärtsgenommenen Differenzenquotienten* kann entsprechend verfahren werden. Sie haben die Gestalt

$$D_h f(x_0) = \frac{f(x_0 + h) - f(x_0)}{h} \quad \text{und} \quad \bar{D}_h f(x_0) = \frac{f(x_0) - f(x_0 - h)}{h} \quad (2.17)$$

und entsprechen wiederum den Ableitungen des Interpolationspolynoms zu den Stützstellen x_0 und $x_0 + h$ bzw. x_0 und $x_0 - h$. Allerdings sind diese Differenzenquotienten jeweils nur Näherungen der Ordnung *1*, also

$$f'(x_0) = D_h f(x_0) + O(h).$$

In *Beispiel 2.8.2* wird ein Differenzenquotient der Ordnung *3* veranschaulicht. Interessant ist auch die sehr effektive Ableitung einer Funktion durch Extrapolation. Sie wird mit *Beispiel 2.5.6* grafisch dargestellt.

B. Spline-Interpolation

Splines sind stückweise aus Polynomen zusammengesetzte Funktionen, die in den durch die Stützstellen begrenzten Teilintervallen jeweils den Grad *m* besitzen und an den Stützstellen $x_j, j = 1, 2, \ldots, n-1$, so zusammentreffen, daß sie auf dem gesamten Intervall $[x_0, x_n]$, $j = 0, \ldots, n - 1$, (m - 1)-mal stetig differenzierbar sind.

Im Falle $m = 1$ werden die Stützpunkte einfach durch Geradenstücke miteinander verbunden. Dieser Fall, für den es verschiedene Anwendungen gibt, wird in VISU aufgrund seiner Trivialität nicht behandelt.

Vorgestellt werden die quadratischen und die kubischen Splines.

Kubische Splines

Wir definieren die kubische Spline-Interpolierende S_Δ^3, die auf jedem Intervall $[x_j, x_{j+1}]$, $j = 0, \ldots, n - 1$, ein Polynom höchstens dritten Grades sein soll, wie folgt:

$$S_\Delta^3(x) = s_j^3(x) \quad \text{für } x_j \leq x \leq x_{j+1} \quad , j = 0, \ldots, n-1, \quad (2.18)$$

mit

$$s_j^3(x) := a_j + b_j(x - x_j) + c_j(x - x_j)^2 + d_j(x - x_j)^3 \, , \quad x_j \leq x \leq x_{j+1} \, ,$$
$$j = 0, \ldots, n - 1. \quad (2.19)$$

Die *4m* Koeffizienten in (2.19) müssen dabei so bestimmt werden, daß die Interpolations- und Differenzierbarkeitsbedingungen an den Stützstellen erfüllt sind, d. h.

$$s_j^3(x_j) = f_j, \quad j = 0,...,n-1, \quad s_{n-1}^3(x_n) = f_n, \qquad (2.20)$$

$$s_{j-1}^3(x_j) = s_j^3(x_j), \quad j=1,...,n-1, \qquad (2.21)$$

$$s_{j-1}^{3'}(x_j) = s_j^{3'}(x_j), \quad j=1,...,n-1, \qquad (2.22)$$

$$s_{j-1}^{3''}(x_j) = s_j^{3''}(x_j), \quad j=1,...,n-1. \qquad (2.23)$$

Mit (2.20) - (2.23) erhalten wir allerdings nur *4n - 2* Bedingungen. Zur Bestimmung der übrigen beiden Bedingungen bietet sich die Festlegung der Ableitung der Spline-Interpolierenden an den äußeren Intervallrändern x_0 und x_n an. In VISU werden die folgenden Varianten angeboten:

a) *natürliche Splines*, bei denen die zweite Ableitung an den Rändern verschwindet, also

$$S_\Delta^{3''}(x_0) = 0, \quad S_\Delta^{3''}(x_n) = 0, \qquad (2.24)$$

b) *Splines mit fester Ableitung an den Intervallenden*,

$$S_\Delta^{3'}(x_0) = m_0, \quad S_\Delta^{3'}(x_n) = m_1. \qquad (2.25)$$

Die *periodischen Splines*, bei denen die ersten beiden Ableitungen an den Rändern gleich sind, also

$$S_\Delta^{3'}(x_0) = S_\Delta^{3'}(x_n), \quad S_\Delta^{3''}(x_0) = S_\Delta^{3''}(x_n) \qquad (2.26)$$

werden in VISU nicht verwendet, da sie nur für den sehr eingeschränkten Fall, daß $f_0 = f_n$ ist, sinnvoll eingesetzt werden können.

Soweit es sich um die Interpolation einer vorgegebenen Funktion handelt, sind in VISU m_0 und m_1 durch näherungsweise Berechnung der Ableitungen dieser Funktion festgelegt. Die natürlichen Splines werden in VISU mit Spline A bezeichnet, die mit fester Ableitung mit Spline B.

Berechnung der Koeffizienten

Am einfachsten ist die Berechnung der Koeffizienten $a_j, j = 0, ..., n - 1$, in Gleichung (2.19), denn

$$s_j^3(x_j) = a_j = f_j, \quad j = 0,\ldots,n-1. \tag{2.27}$$

Für das weitere Vorgehen benötigen wir zunächst die Ableitungen der Splines

$$s_j^{3'}(x) = b_j + 2c_j(x-x_j) + 3d_j(x-x_j)^2, \quad x_j \leq x \leq x_{j+1},$$
$$j = 0,\ldots,n-1, \tag{2.28}$$

und

$$s_j^{3''}(x) = 2c_j + 6d_j(x-x_j), \quad x_j \leq x \leq x_{j+1}, \quad j = 0,\ldots,n-1. \tag{2.29}$$

Setzen wir

$$h_j := x_{j+1} - x_j, \quad j=0,\ldots,n-1,$$

und verwenden (2.23) und (2.29), so erhalten wir mit einem zunächst hilfsweise eingeführten, später durch die Randbedingung festzulegendem c_n:

$$d_j = \frac{c_{j+1} - c_j}{3h_j}, \quad j = 0,\ldots,n-1. \tag{2.30}$$

Jetzt nutzen wir (2.21) aus, definieren $a_n := f_n$, berechnen

$$b_j = \frac{a_{j+1} - a_j}{h_j} - h_j(c_j + h_j d_j), \quad j=0,\ldots,n-1,$$

und wenden (2.27) sowie (2.30) an:

$$b_j = \frac{f_{j+1} - f_j}{h_j} - \frac{h_j}{3}(c_{j+1} + 2c_j), \quad j=0,\ldots,n-1. \tag{2.31}$$

Schließlich werten wir (2.22) aus:

$$b_j = b_{j-1} + 2c_{j-1}(x_j - x_{j-1}) + 3d_{j-1}(x_j - x_{j-1})^2.$$

Einsetzen der $b_0,\ldots,b_{n-1}$ aus (2.31), der $d_0,\ldots,d_{n-1}$ aus (2.30), der $a_0,\ldots,a_{n-1}$ aus (2.27) und $a_n := f_n$ ergibt:

$$h_{j-1}c_{j-1} + 2(h_{j-1} + h_j)c_j + h_j c_{j+1} = g_j, \quad j=1,\ldots,n-1, \tag{2.32}$$

mit

$$g_j := 3\frac{f_{j+1} - f_j}{x_{j+1} - x_j} - 3\frac{f_j - f_{j-1}}{x_j - x_{j-1}}, \quad j = 1,\ldots,n-1. \tag{2.33}$$

2 Interpolation

(2.32) ist ein lineares Gleichungssystem mit $n - 1$ Gleichungen für die $n + 1$ Unbekannten $c_0, \ldots, c_n$, denn die $g_j, j = 1, \ldots, n - 1$, lassen sich unmittelbar berechnen. Die beiden fehlenden Gleichungen erhalten wir durch Einsetzen der Randbedingungen:

a) *natürliche Splines*: $c_0 = c_n = 0$. (2.34)

b) *Splines mit fester Ableitung an den Intervallenden*:

$$c_0 = \frac{3(f_1 - f_0)}{2h_0^2} - \frac{3m_0}{2h_0} - \frac{c_1}{2},$$

$$c_n = \frac{3m_1}{2h_{n-1}} - \frac{3(f_n - f_{n-1})}{2h_{n-1}^2} - \frac{c_{n-1}}{2}. \qquad (2.35)$$

Zusammenfassung der Berechnungsvorschrift

i) Entsprechend (2.32) muß zur Berechnung *natürlicher Splines* zunächst das folgende lineare Gleichungssystem gelöst werden, dessen Gleichungsmatrix symmetrisch und tridiagonal ist.

$$\begin{pmatrix} 2(h_0+h_1) & h_1 & 0 & \cdots & & 0 \\ h_1 & 2(h_1+h_2) & h_2 & & & \\ 0 & & \ddots & & & \\ \vdots & & & \ddots & & \\ & & & & & h_{n-2} \\ 0 & \cdots & 0 & h_{n-2} & 2(h_{n-2}+h_{n-1}) \end{pmatrix} \begin{pmatrix} c_1 \\ \vdots \\ c_j \\ \vdots \\ \\ c_{n-1} \end{pmatrix} = \begin{pmatrix} g_1 \\ \vdots \\ g_j \\ \vdots \\ \\ g_{n-1} \end{pmatrix} \qquad (2.36)$$

Die $g_j, j = 1, \ldots, n - 1$, werden dabei nach Formel (2.33) berechnet. Solche Gleichungssysteme sind am einfachsten durch einen speziellen Algorithmus zur LR-Zerlegung zu lösen. (Vgl. z. B. *Schwarz [1986]*.)

Da in dem Gleichungssystem (2.36) in der ersten und letzten Zeile gegenüber (2.32) bereits die Randbedingungen für natürliche Splines ausgenutzt wurden, erhalten wir für *Splines mit festen Ableitungen* an den Intervallrändern entsprechend für $j=1$:

$$\left(\frac{3}{2}h_0 + 2h_1\right)c_1 + h_1 c_2 = 3\left(\frac{f_2-f_1}{h_1} - \frac{1}{2}\left(\frac{3(f_1-f_0)}{h_0} - m_0\right)\right).$$

Für $j = n$ ergibt sich:

$$\left(2h_{n-2} + \frac{3}{2}h_{n-1}\right)c_{n-1} + h_{n-2}c_{n-2} = 3\left(\frac{3(f_n-f_{n-1})}{2h_{n-1}} - \frac{m_1}{2} - \frac{f_{n-1}-f_{n-2}}{h_{n-2}}\right).$$

ii) Bestimmung der Koeffizienten c_0 und c_n vermittels der Randbedingungen (2.34)oder (2.35).

iii) Berechnung der Koeffizienten
$\quad b_j, j = 0, \ldots, n\text{-}1$ mit (2.31)
$\quad d_j, j = 0, \ldots, n\text{-}1$ mit (2.30)
$\quad a_j, j = 0, \ldots, n\text{-}1$ mit (2.27).

Quadratische Splines

Analog zu (2.18) und (2.19) lautet der Ansatz:

$$S_\Delta^2(x) = s_j^2(x) \quad \text{für } x_j \leq x \leq x_{j+1} \quad , \quad j = 0, \ldots, n-1, \qquad (2.37)$$

mit

$$s_j^2(x) := a_j + b_j(x - x_j) + c_j(x - x_j)^2, \quad x_j \leq x \leq x_{j+1}$$

$$\text{für } j = 0, \ldots, n\text{-}1. \qquad (2.38)$$

Den $3n$ Koeffizienten stehen dieses Mal $3n$ - 1 Bedingungen gegenüber. Die fehlende Bedingung wird in VISU mit $S_\Delta^{2\prime}(x_0) = b_0 = m_0$ festgelegt, wobei m_0 die numerisch durch den vorwärtsgenommenen Differenzquotienten berechnete Ableitung der Funktion an der Stelle x_0 ist.

Mit $a_n := f_n$ erhalten wir wieder aufgrund der Interpolationsbedingungen

$$a_j = f_j, j = 0, \ldots, n\,, \qquad (2.39)$$

und aufgrund der stetigen Differenzierbarkeit mit hilfsweise eingeführtem b_n:

$$c_j = (b_{j+1} - b_j)/2h_j\,, j = 0, \ldots, n\text{-}1. \qquad (2.40)$$

Aus der Stetigkeit der Spline-Funktion folgt mit $a_n := f_n$

$$a_{j-1} + b_{j-1}h_{j-1} + c_{j-1}h_{j-1}^2 = a_j \quad , j = 1, \ldots, n\,,$$

und damit durch Einsetzen von (2.40)

$$(a_j - a_{j-1}) = h_{j-1}(b_{j-1} + \frac{b_j - b_{j-1}}{2 h_{j-1}} h_{j-1}).$$

$$\Rightarrow 2(a_j - a_{j-1}) = (b_j + b_{j-1}) h_{j-1}, \quad j = 1, \ldots, n. \tag{2.41}$$

Die Gleichungen (2.41) können wir wieder in Matrizenform schreiben.

$$\begin{pmatrix} 1 & & 0 & & 0 \\ h_0 & h_0 & 0 & & \\ 0 & h_1 & h_1 & & \\ & & \ddots & & \\ & & h_{n-2} & h_{n-2} & 0 \\ 0 & & 0 & h_{n-1} & h_{n-1} \end{pmatrix} \begin{pmatrix} b_0 \\ b_1 \\ \vdots \\ \\ \\ b_n \end{pmatrix} = \begin{pmatrix} m_0 \\ 2(a_1 - a_0) \\ \vdots \\ \\ \\ 2(a_n - a_{n-1}) \end{pmatrix}$$

Nachdem dieses Gleichungssystem gelöst ist, können die $c_j, j = 0, \ldots, n-1$, mit (2.40) berechnet werden.

Anwendung der Splines

Spline-Funktionen werden zur Approximation der Lösungen besonders bei der numerischen Behandlung von gewöhnlichen und partiellen Differentialgleichungen eingesetzt.

Inwieweit sie sich zur Approximation von Funktionen eignen, wird im Vergleich mit den übrigen vorgestellten Interpolationsmethoden in den *Abschnitten 2.5* und *2.6* untersucht.

Den natürlichen kubischen Splines kommt eine besondere Bedeutung zu. Sie genügen insofern einer Minimaleigenschaft, als für jede von S_Δ^3 verschiedene zweimal stetig differenzierbare Funktion $g : [a, b] \to \mathbf{R}$, die die Wertepaare $(x_j, f_j), j = 0, \ldots, n$, interpoliert, gilt:

$$\int_a^b |S_\Delta^{3''}(x)|^2 dx < \int_a^b |g''(x)|^2 dx.$$

Würde man durch die gegebenen Stützpunkte eine dünne, homogene Latte legen, die dort gelenkig gelagert ist und keinen äußeren Kräften unterliegt, dann entsprächen die natürlichen kubischen Splines der Biegelinie dieser Latte, die aufzuwendende Biegeenergie wäre minimal. Aufgrund dieser Eigenschaft wurden natürliche Splines im Schiffbau sehr viel verwendet. Entsprechend heißt das englische Wort "Spline" auf deutsch "Spant" und man entwarf Spanten früher so, daß die Schiffsplanken den Verlauf von natürlichen kubischen Splines hatten.

Für den Fall, daß Stützpunkte interpoliert werden müssen, deren Kurven keine Funktionen sind, wird in *Abschnitt 2.7* eine Parameterdarstellung für Splines vorgestellt. Mittels solcher Parameterdarstellungen können Splines auch zu anderen Konstruktionsaufgaben eingesetzt werden, beispielsweise zur Konstruktion von Tragflügeln.

C. Akima-Interpolation

Die Interpolation nach *Akima [1970]* ist kaum bekannt, obwohl es sich um eine vergleichsweise gute Interpolationsmethode handelt, die vor allem in der Ingenieurmathematik zur Anwendung gebracht werden kann.

Genau wie bei der Spline-Interpolation wird stückweise zwischen den einzelnen Stützpunkten interpoliert, als Übergangsbedingung wird einmalige stetige Differenzierbarkeit gefordert. Das Polynom $A_j(x)$, das zwischen den beiden Stützstellen x_j und x_{j+1} definiert ist, wird aber nicht nur durch die Interpolationsbedingung

$$A_j(x_j) = f_j, \qquad j = 0,\ldots, n, \qquad (2.42)$$

bestimmt, sondern auch durch die feste Berechnung von Steigungen f'_j, die es an den Stützstellen annehmen soll, also

$$A'_j(x_j) = f'_j, \qquad j = 0,\ldots, n. \qquad (2.43)$$

Berechnung der Polynome

Analog zu (2.18) und (2.19) wird die Akima-Interpolierende definiert durch

$$A(x) = A_j(x) \qquad \text{für } x_j \leq x_{j+1},\ j = 0,\ldots, n-1, \quad \text{mit}$$

$$A_j(x) = a_j + b_j(x-x_j) + c_j(x-x_j)^2 + d_j(x-x_j)^3,\ j = 0,\ldots, n-1. \qquad (2.44)$$

Für die Berechnung der Koeffizienten ergibt sich bereits mit (2.42) und (2.43):

$$a_j = f_j \quad,\quad j = 0,\ldots, n-1, \qquad (2.45)$$

$$b_j = f'_j \quad,\quad j = 0,\ldots, n-1. \qquad (2.46)$$

2 Interpolation

Die geforderte stetige Differenzierbarkeit bedeutet, daß $A_j(x_{j+1}) = f_{j+1}$ und $A'_j(x_{j+1}) = f'_{j+1}$ ist, $j = 0, \ldots, n - 1$, und daraus folgt:

$$c_j = \frac{\dfrac{3(f_{j+1} - f_j)}{x_{j+1} - x_j} - 2f'_j - f'_{j+1}}{x_{j+1} - x_j}, \quad j = 0, \ldots, n - 1, \qquad (2.47)$$

und

$$d_j = \frac{f'_j + f'_{j+1} - \dfrac{2(f_{j+1} - f_j)}{x_{j+1} - x_j}}{(x_{j+1} - x_j)^2}, \quad j = 0, \ldots, n - 1. \qquad (2.48)$$

Damit müssen zur Berechnung der Akima-Interpolierenden nur noch sinnvolle Steigungen an den Stützpunkten festgelegt werden.

Anmerkung: Das Interpolationspolynom A_j höchstens dritten Grades zwischen den Stützstellen x_j und x_{j+1}, $j = 0, \ldots, n - 1$, ist durch die Vorgabe der Stützwerte f'_j und f'_{j+1} an den Stützstellen eindeutig bestimmt. Man nennt dieses Teilpolynom auch *Hermite-Interpolierende*.

Festlegung der Steigungen

Seien

$$s_j^{1'} = \frac{f_{j+1} - f_j}{x_{j+1} - x_j}, \quad j = 0, \ldots, n - 1, \qquad (2.49)$$

die Steigungen der linearen Splines s_j^1, d.h. der Verbindungsstücke zwischen den Stützpunkten. Die Steigung f'_j der Akima-Interpolierenden an der Stützstelle x_j, $j = 0, \ldots, n$, wird dann durch die Steigung der beiden jeweils links und rechts benachbarten linearen Splines bestimmt, also aus

$$s_{j-2}^{1'}, \; s_{j-1}^{1'}, \; s_j^{1'} \quad \text{und} \quad s_{j+1}^{1'}, \quad j = 0, \ldots, n,$$

und ist folgendermaßen definiert:

$$f_j' := \frac{|s_{j+1}^{1'} - s_j^{1'}| \, s_{j-1}^{1'} + |s_{j-1}^{1'} - s_{j-2}^{1'}| \, s_j^{1'}}{|s_{j+1}^{1'} - s_j^{1'}| + |s_{j-1}^{1'} - s_{j-2}^{1'}|}, \; falls \; s_{j+1}^{1'} \neq s_j^{1'} \; oder \; s_{j-1}^{1'} \neq s_{j-2}^{1'}$$

(2.50)

$$f_j' := \frac{1}{2}(s_{j-1}^{1'} + s_j^{1'}) \qquad , falls \; s_{j+1}^{1'} = s_j^{1'} \; und \; s_{j-1}^{1'} = s_{j-2}^{1'}.$$

Sind die Steigungen zweier benachbarter linearer Splines gleich, so erhalten wir mit (2.50) folgende Resultate für f_j':

i) $\quad s_{j-1}^{1'} = s_{j-2}^{1'} \; und \; s_j^{1'} \neq s_{j+1}^{1'} \Rightarrow f_j' = s_{j-1}^{1'}$.

ii) $\quad s_{j+1}^{1'} = s_j^{1'} \; und \; s_{j-1}^{1'} \neq s_{j-2}^{1'} \Rightarrow f_j' = s_j^{1'}$.

iii) $\quad s_{j-1}^{1'} = s_j^{1'} \qquad\qquad\qquad \Rightarrow f_j' = s_j^{1'}, \quad j = 0, \ldots, n$.

Für den Fall also, daß die Steigungen zweier benachbarter linearer Splines gleich sind, ist die Steigung der Akima-Interpolierenden an der trennenden Stützstelle ebenso groß.

Berechnung der Randpunkte

Für die Berechnung der f_j', $j = 0, \ldots, n$, sind die Steigungen der linearen Splines

$$s_{-2}^{1'}, s_{-1}^{1'}, s_n^{1'}, s_{n+1}^{1'}. \tag{2.51}$$

noch zu bestimmen.

Wir müssen das vorgegebene Interpolationsintervall daher über den Rand hinaus verlängern und legen fest:

$$x_0 - x_{-2} = x_1 - x_{-1} = x_2 - x_0. \tag{2.52}$$

$$x_{n+2} - x_n = x_{n+1} - x_{n-1} = x_n - x_{n-2}, \tag{2.53}$$

Die Interpolierende wird zwischen den Stützstellen x_{n-2} und x_{n+2} durch Stützwerte auf dem quadratischen Polynom der Form

$$f_n(x) = k_0 + k_1(x - x_0) + k_2(x - x_0)^2 \tag{2.54}$$

und zwischen x_{-2} und x_2 entsprechend durch Stützwerte auf

$$f_0(x) = k_0 + k_1(x - x_n) + k_2(x - x_n)^2 \tag{2.55}$$

2 Interpolation

fortgesetzt. Um für die Bestimmung der Werte f_{-2}, f_{-1}, f_{n+1} und f_{n+2} die Berechnung der $k_j, j = 0, 1, 2,$ zu umgehen, schreiben wir mit (2.54):

$$s_1^{1'} = \frac{f_2 - f_1}{x_2 - x_1} = k_1 + k_2(x_2 - 2x_0 + x_1),$$

$$s_0^{1'} = \frac{f_1 - f_0}{x_1 - x_0} = k_1 + k_2(x_1 - x_0),$$

$$s_{-1}^{1'} = \frac{f_0 - f_{-1}}{x_0 - x_{-1}} = k_1 + k_2(x_0 - x_{-1}),$$

$$s_{-2}^{1'} = \frac{f_{-1} - f_{-2}}{x_{-1} - x_{-2}} = k_1 + k_2(x_{-1} - 2x_0 + x_{-2}).$$

Mit (2.52) folgt:

$$s_1^{1'} - s_0^{1'} = s_0^{1'} - s_{-1}^{1'} = s_{-1}^{1'} - s_{-2}^{1'},$$

also

$$\frac{f_2 - f_1}{x_2 - x_1} - \frac{f_1 - f_0}{x_1 - x_0} = \frac{f_1 - f_0}{x_1 - x_0} - \frac{f_0 - f_{-1}}{x_0 - x_{-1}} = \frac{f_0 - f_{-1}}{x_0 - x_{-1}} - \frac{f_{-1} - f_{-2}}{x_{-1} - x_{-2}}, \qquad (2.56)$$

und entsprechend für die andere Seite

$$\frac{f_{n+2} - f_{n+1}}{x_{n+2} - x_{n+1}} - \frac{f_{n+1} - f_n}{x_{n+1} - x_n} = \frac{f_{n+1} - f_n}{x_{n+1} - x_n} - \frac{f_n - f_{n-1}}{x_n - x_{n-1}} = \frac{f_n - f_{n-1}}{x_n - x_{n-1}} - \frac{f_{n-1} - f_{n-2}}{x_{n-1} - x_{n-2}} \qquad (2.57)$$

Wir bestimmen also mit (2.52) und (2.53) x_{-2}, x_{-1}, x_{n+1} und x_{n+2}, mit (2.56) und (2.57) f_{-2}, f_{-1}, f_{n+1} und f_{n+2} und erhalten so die fehlenden Steigungen (2.51).

Aus diesen Berechnungsformeln geht hervor, daß mindestens zwei Steigungen vorgegeben sein müssen. Das bedeutet, daß für die Akima-Interpolation wenigstens drei Stützpunkte erforderlich sind.

Zusammenfassung der Berechnung der Akima-Interpolierenden

Als Voraussetzung müssen mindestens drei Stützpunkte vorgegeben sein. Die Berechnung der Akima-Interpolierenden umfaßt die folgenden Schritte:

i) Mit der Steigungsformel (2.49) und den aus den Randerweiterungen gewonnenen Bedingungen (2.52) und (2.53) sowie (2.56) und (2.57) werden die Steigungen s_j', $j = -2, -1, 0, \ldots, n + 1$, der linearen Splines zwischen den Stützpunkten berechnet.

ii) Bestimmung der Steigungen der Akima-Interpolierenden $f_j', j = 0, \ldots, n$, an den Stützstellen x_j, $j = 0, \ldots, n$, mit Formel (2.50).

iii) Berechnung der Koeffizienten der Akima-Polynome (2.44) mit (2.45) bis (2.48).

Vergleich mit der Spline-Interpolation

Mit den *Programmen 2.5 - 2.9* können diese Interpolationsarten miteinander verglichen und genauer auf ihre Unterschiede geprüft werden. In *Programm 2.7* wird ebenso wie für die Splines eine Parameterdarstellung verwendet, mit der Stützstellen durch Kurven, die keine Funktionen sind, interpoliert werden können.

2 Interpolation

2.1 Lagrangesche Darstellung des Interpolationspolynoms

Die Lagrangesche Darstellung des eindeutig bestimmten Interpolationspolynoms wird grafisch erläutert.

Programmabfragen mit Standardbeispiel

Zu interpolierende Funktion: $f(x) = 10/(10x + 1)$
X-Intervallgrenzen: *[1, 4]*
Y-Intervallgrenzen: *[0.34, 1.13]*
Anzahl der Stützstellen: *3*   (*max. 4*)
Auswertungen: *300*   (*100 - 999*).

Die Stützstellen sind in diesem Programm stets äquidistant über das Intervall verteilt, dabei sind die beiden äußeren Stützstellen die Grenzen des X-Intervalls. In der Regel sollten nicht mehr als drei Stützstellen gewählt werden, da die Grafiken sonst unübersichtlich sind.

Im Programm werden außer der zu interpolierenden Funktion die in (2.3) definierten Lagrangeschen Basispolynome $L_j(x)$, $j = 0, \ldots, n$, mit der Eigenschaft (2.4) gezeichnet. Um von einem Polynom zum nächsten zu kommen, muß jeweils die <Enter>-Taste gedrückt werden.

Zuerst sieht man den Verlauf der zu interpolierenden Funktion mit den Stützpunkten $(x_j, f(x_j))$. Dazu werden für die 1. Stützstelle das Lagrangesche Basispolynom L_0 sowie das "gewichtete" Polynom $L_0(x) = f_0 L_0(x)$ gezeichnet. Ersteres nimmt an der Stützstelle x_0 den Funktionswert *1*, das zweite den Wert f_0 an. Alle übrigen Stützstellen sind Nullstellen beider Polynome. Bei Betätigen der <Enter>-Taste wird dasselbe mit der zweiten Stützstelle wiederholt und bis zur n-ten Stützstelle fortgesetzt. Zum Abschluß erhält man durch Summenbildung über sämtliche "gewichteten" Polynome das eigentliche Interpolationspolynom (2.5). Das Interpolationspolynom und die interpolierte Funktion können miteinander verglichen werden.

Es wird deutlich, daß bei Hinzunahme einer weiteren Stützstelle zur Interpolation stets das ganze Polynom neu berechnet werden muß, da für jedes Basispolynom sämtliche Stützstellen benötigt werden.

Im nächsten Beispiel wird die Lagrangesche Darstellung des Interpolationspolynoms berechnet.

Beispiel 2.1.1

$f(x) = 1/(1 + x^2)$, $x \in [-1, 1]$, $y \in [-0.15, 1.2]$, *3 Stützstellen*.

Da die Stützstellen im X-Intervall äquidistant sind, haben wir die folgenden Werte für die Stützpunkte:

$x_0 = -1$, $x_1 = 0$, $x_2 = 1$, $f_0 = 1/2$, $f_1 = 1$, $f_2 = 1/2$.

Mit der Konstruktionsvorschrift (2.3) folgt:

$$L_0(x) = \frac{(x-x_1)(x-x_2)}{(x_0-x_1)(x_0-x_2)} = \frac{1}{2}(x-1)x,$$

und entsprechend:

$L_1(x) = 1 - x^2$ und

$$L_2(x) = \frac{1}{2}(x+1)x.$$

Damit lautet das vollständige Interpolationspolynom (2.5):

$$p_2(x) = \frac{1}{4}x(x-1) + 1 - x^2 + \frac{1}{4}(x+1)x = 1 - \frac{1}{2}x^2 \ .$$

Beispiel 2.1.2

$f(x) = \cos(x) + \cosh(x) + 1$, $x \in [-3, 3]$, Y-Intervallgrenzen unbestimmt, 3 Stützstellen.

2.2 Newtonsche Darstellung des Interpolationspolynoms

Analog zum *Programm 2.1* wird hier die Newtonsche Darstellung des Interpolationspolynoms grafisch erläutert.

Programmabfragen mit Standardbeispiel

Zu interpolierende Funktion:	$f(x) = 10/(10x + 1)$	
X-Intervallgrenzen:	$[1, 4]$	
Y-Intervallgrenzen:	$[-0.4, 0.95]$	
Anzahl der Stützstellen:	3	(max. 6)
Auswertungen:	300	(100 - 999).

Die Berechnung der Newtonschen Darstellung des Interpolationspolynoms bietet gegenüber der Methode von Lagrange den großen Vorteil, daß bei Hinzunahme einer neuen Stützstelle nur der Koeffizient b_{n+1} neu berechnet und der entsprechende Term zu dem alten Polynom addiert werden muß. Dies wird auch in der Grafik deutlich. Gezeichnet werden die zu interpolierende Funktion, das Interpolationspolynom durch den ersten Stützpunkt, das durch die ersten beiden Stützpunkte etc.. Ist auch der letzte Stützpunkt einbezogen, erhält man das vollständige Interpolationspolynom.

Bei Wahl einer zusätzlichen Stützstelle wären die bisherigen Polynome völlig identisch, und in einem weiteren Schritt erhielte man das neue Interpolationspolynom.

Die beiden Beispiele dieses Abschnitts sind analog zu den *Beispielen 2.1.1* und *2.1.2*.

Beispiel 2.2.1

$f(x) = 1/(1 + x^2)$, $x \in [-1, 1]$, $y \in [-0.15, 1.2]$, 3 Stützstellen.

Mit dem Schema (2.8) ergibt sich:

$x_0 = -1$ | $f[x_0] = 1/2$
$x_1 = 0$ | $f[x_1] = 1$ | $f[x_0, x_1] = 1/2$
$x_2 = 1$ | $f[x_2] = 1/2$ | $f[x_1, x_2] = 1/2$ | $f[x_0, x_1, x_2] = 1/2$

Daraus folgt direkt die Darstellung (2.6) des Interpolationspolynoms:

$$p_2(x) = \frac{1}{2} + \frac{1}{2}(x + 1) - \frac{1}{2}(x + 1)x = 1 - \frac{1}{2}x^2.$$

Wir haben natürlich dasselbe Ergebnis erhalten wie in *Beispiel 2.1.1*.

Die ersten beiden Teilpolynome haben die Gestalt

$$p_0(x) = \frac{1}{2}$$

und

$$p_1(x) = \frac{1}{2} + \frac{1}{2}(x+1).$$

Beispiel 2.2.2

$f(x) = \cos(x) + \cosh(x) + 1$, $x \in [-3, 3]$, Y-Intervallgrenzen unbestimmt, 3 Stützstellen.

Bei Wahl von fünf Stützstellen erhält man bereits eine sehr gute Approximation der zu interpolierenden Funktion.

2.3 Stützstellenstrategien bei der Polynominterpolation

Der Interpolationsfehler bei der Polynominterpolation hängt von der Stützstellenstrategie ab. Man kann die Anzahl der Stützstellen variieren, den Abstand zwischen ihnen äquidistant wählen oder nach anderen Prinzipien gestalten.

In diesem Programm wird die Wahl von Tschebyscheff-Stützstellen (2.12) angeboten, die mit (2.13) auf das angegebene Intervall transformiert werden.

Eine freie Wahl der Stützstellen ist im *Programm 2.5* möglich. Das errechnete Interpolationspolynom kann dort mit der Spline- oder Akima-Interpolation verglichen werden.

Insgesamt dürfen bis zu vier Interpolationspolynome mit jeweils unterschiedlicher Stützstellenstrategie gezeichnet werden.

Programmabfragen mit Standardbeispiel

Zu interpolierende Funktion: $f(x) = arctan(x)$
X-Intervallgrenzen: *[-9, 9]*
Y-Intervallgrenzen: *[-2, 2]*
Interpolationsintervall: *[-9, 9]*

	Zahl der Stützstellen:	Stützstellenart:
	(2 -20)	*(äquidistant / Tschebyscheff)*
1. Interpolation	*5*	*äquidistant*
2. Interpolation	*9*	*äquidistant*
3. Interpolation	*11*	*äquidistant*
4. Interpolation	*0*	*-*
Auswertungen:	*300*	*(100 - 999)*.

Die gewählten X-Intervallgrenzen müssen nicht mit den äußeren Interpolationsstützstellen übereinstimmen. Diese Unterscheidung wurde gemacht, um auch eine Extrapolation über das Stützstellenintervall hinaus zu erlauben. Das Programm läßt sich zu einer ganzen Reihe lehrreicher Experimente nutzen.

Beispiel 2.3.1 Veränderung der Anzahl der Stützstellen (I)

$f(x) = 1 / (1 + x^2)$, X- und Interpolationsintervall: [-5, 5], Y-Intervallgrenzen unbestimmt, 3 Interpolationspolynome mit 5, 9 und 11 äquidistanten Stützstellen.

Es wäre zu vermuten, daß sich die Approximationsqualität eines Interpolationspolynoms mit zunehmender Anzahl von Stützstellen immer weiter verbessert. Das ist aber in diesem Beispiel offensichtlich, zumindest an den Intervallrändern, nicht der Fall. Wie könnte man sich helfen?

Beispiele mit ähnlichen Resultaten sind:

a) $f(x) = |x|$, $x \in [-1, 1]$, (z. B.: 3, 7, 11 und 15 äquidistante Stützstellen)

b) $f(x) = \arctan(x)$ aus dem Standardbeispiel.

Beispiel 2.3.2 Veränderung der Anzahl der Stützstellen (II)

$f(x) = \sin(x)$, X- und Interpolationsintervall: [0, 30], Y-Intervallgrenzen unbestimmt, äquidistante Stützstellen.

Experimentieren Sie mit der Anzahl der Stützstellen. Wie sind die Unterschiede zwischen Beispiel 2.3.1 und 2.3.2 zu erklären?

Beispiel 2.3.3 Vergleich von Tschebyscheff- und äquidistanten Stützstellen

$f(x) = 1/(1 + x^2)$, X- und Interpolationsintervall: [-5, 5], Y-Intervallgrenzen unbestimmt, 2 Interpolationspolynome mit 11 äquidistanten und 11 Tschebyscheff-Stützstellen.

Die Approximationsqualität beider Strategien fällt recht unterschiedlich aus. Ähnliche Resultate lassen sich an den Beispielen $f(x) = |x|$ oder $f(x) = \arctan(x)$ festmachen, bei $f(x) = \sin(x)$ hingegen nicht.

Aus der Formel (2.14) können wir schließen, daß der Fehler bei der Polynominterpolation maßgeblich durch den Term

$$g(x) = \prod_{j=0}^{n} (x - x_j)$$

mit den Stützstellen $x_j, j = 0, \ldots, n$, bestimmt wird. Im Beispiel 1.1.7 wird dieser Term auf dem Intervall [-1, 1] je einmal mit Tschebyscheff- und äquidistanten Stützstellen veranschaulicht. Man kann nachweisen, daß

$$\max |g^*(x)| \leq \max |g(x)| \text{ für } x \in [x_0, x_n]$$

ist, mit beliebigen Stützstellen $x_0 < x_1 \ldots < x_{n-1} < x_n$ in den Faktoren von $g(x)$, und

$$g^*(x) = \prod_{j=0}^{n} (x - x_j^*)$$

mit den Tschebyscheff-Stützstellen $x_j^*, j = 0, \ldots, n$, im Intervall $[x_0, x_n]$. Vgl. Schwarz [1986], Werner / Schaback [1979].

2 Interpolation

Beispiel 2.3.4 Konvergenz

Erhöhen Sie in den *Beispielen 2.3.3* und *2.3.1a)* allmählich die Anzahl der Tschebyscheff-Stützstellen.

Läßt sich anhand der Grafik abschätzen, ob die Folge $\{p_n(x)\}_{n \in \mathbb{N}}$ der Interpolationspolynome gegen die zu interpolierende Funktion konvergiert?

Beispiel 2.3.5 Extrapolation

a) $f(x) = |x|$, $x \in [-2.5, 2.5]$, $y \in [0, 10]$, *Interpolationsintervall: [-2, 2], 2 Interpolationspolynome mit 11 äquidistanten und 11 Tschebyscheff-Stützstellen.*

b) $f(x) = \sin(x)$, $x \in [-6, 6]$, $y \in [-6, 6]$, *Interpolationsintervall: [-2, 2], ebenfalls 2 Interpolationspolynome mit 11 äquidistanten und 11 Tschebyscheff-Stützstellen.*

c) Was geschieht bei Erhöhung der Anzahl der Tschebyscheff-Stützstellen?

Beurteilen Sie die Resultate!

Beispiel 2.3.6 Rationale Funktionen

a) $f(x) = (x^2 + 3x + 5)/(x - 2)$, $x \in [0, 7]$, $y \in [-100, 100]$, *Interpolationsintervall:[0, 7], 3 Interpolationspolynome mit 7, 11 und 13 Tschebyscheff-Stützstellen.*

b) $f(x) = x^3/(1 + x^2)$, $x \in [-2, 2]$, *Y-Intervallgrenzen unbestimmt, Interpolationsintervall: [-2, 2], 3 Interpolationspolynome mit 5, 7 und 11 Tschebyscheff- oder äquidistanten Stützstellen.*

Die Ergebnisse zeigen, daß die Interpolation rationaler Funktionen recht unterschiedlich ausfallen kann. Warum erhält man in *Beispiel a)* keine Verbesserung, wenn man die Anzahl der Stützstellen erhöht? Was geschieht, wenn eine Stützstelle bei $x_j = 2$ gewählt wird?

Die Ergebnisse aus *Beispiel a)* lassen sich auch an der einfachen Funktion $f(x) = 1/x$ verifizieren. Beim Vorliegen von Polstellen sollte in VISU stets eine Begrenzung für die Y-Achse gewählt werden.

Beispiel 2.3.7 Periodische Funktionen

$f(x) = 4 + 3\sin(3x) + 5\cos(2x)$, $x \in [-5, 5]$, $y \in [-7, 13]$, *Interpolationsintervall: [-5, 5], 2 Interpolationspolynome mit 17 Tschebyscheff- und 17 äquidistanten Stützstellen.*

Was ist über die Polynominterpolation von periodischen Funktionen zu sagen?

2.4 Fehlerfortpflanzung bei der Polynominterpolation

Meßwerte, die interpoliert werden sollen, sind oft ungenau und fehlerhaft. Mit diesem Programm kann exemplarisch untersucht werden, wie sich eine - in diesem Fall künstlich eingebaute Abweichung an einer vorzugebenden Stützstelle - im Interpolationspolynom forsetzt. Anstelle von Meßwerten wird jedoch praktischerweise wieder mit einer Funktion gearbeitet, deren Werte an den Stützstellen zu interpolieren sind.

Programmabfragen mit Standardbeispiel

Zu interpolierende Funktion:	$f(x) = 1/(1 + x^2)$	
X-Intervallgrenzen:	*[-9, 9]*	
Y-Intervallgrenzen:	*[-1, 4.5]*	
Interpolationsintervall:	*[-9, 9]*	
Art der Stützstellen:	*äquidistant*	*(äquidistant / Tschebyscheff)*
Anzahl der Stützstellen:	*11*	*(2- 15)*
Nummer der Stützstelle mit Abweichung:	*3*	*(0 bis (Anzahl - 1))*
Größe der Abweichung:	*+0.1*	
Auswertungen:	*300*	*(100 - 999).*

Die Numerierung der Stützstellen beginnt mit *0* und geht bis *(Anzahl -1)*. Die Abweichung kann positiv oder negativ sein. Im Standardbeispiel wird an der Stelle $x_3 = -3$ für das zweite Interpolationspolynom anstelle des Funktionswertes $f_3 = f(-3) = 0.1$ der Wert $f_3 = 0.1 + 0.1 = 0.2$ interpoliert.

Beispiel 2.4.1 Experimente mit der Anzahl der Stützstellen

Wählen Sie im Standardbeispiel jeweils eine unterschiedliche Anzahl von Stützstellen. Vergleichen Sie die Fehlerfortpflanzung mit beiden Stützstellenstrategien. Lassen Sie bei der Wahl von *Tschebyscheff-Stützstellen* die *Y-Intervallgrenzen unbestimmt.*

Was läßt sich allgemein über die Fehlerfortpflanzung sagen?

2 Interpolation

2.5 Vergleich verschiedener Interpolationsmethoden

Sämtliche implementierten Verfahren können bezüglich einer auszuwählenden Stützstellenstrategie miteinander verglichen werden.

Die natürlichen Splines werden im Programm mit Spline A bezeichnet und die mit festen Ableitungen an den Intervallenden mit Spline B. Die Ableitungen werden dabei am linken Intervallende mit dem vorwärtsgenommenen und am rechten Intervallende mit dem rückwärtsgenommenen Differenzenquotienten (2.17) der zu interpolierenden Funktion berechnet. Die Schrittweite ist mit $h = 0.001$ festgelegt.

Programmabfragen mit Standardbeispiel

Zu interpolierende Funktion:	$f(x) = sin(x)$	
X-Intervallgrenzen:	*[0.5, 10]*	
Y-Intervallgrenzen:	*[-2, 2]*	
Interpolationsintervall:	*[1, 9]*	
Anzahl der Stützstellen:	5	(3 - 16)
Art der Stützstellen:	äquidistant	(äquidistant/ Tschebyscheff / freie Wahl)
Polynominterpolation:	Ja	(Ja/ Nein)
Akima-Interpolation:	Ja	"
Spline A (natürliche Randbed.):	Ja	"
Spline B (feste Ableitungen):	Nein	"
quadratischer Spline:	Nein	"
Auswertungen:	300	(100 - 999).

Alle Interpolationsmethoden, die mit einem "Ja" gekennzeichnet sind, werden mit in die Zeichnung aufgenommen. Bei freier Wahl der Stützstellen müssen diese anschließend angegeben werden. Falls sie nicht der Größe nach eingetippt werden, erfolgt die Sortierung durch das Programm.

Beispiel 2.5.1 Vergleich der Splines und der Polynominterpolation

$f(x) = 1/(1+x^2)$, X- und Interpolationsintervall: [-10, 10], Y-Intervallgrenzen unbestimmt, 11 äquidistante Stützstellen; Vergleich der kubischen, des quadratischen Splines und der Polynominterpolation.

Kommentieren Sie die Ergebnisse! Wie sehen die Resultate aus, wenn Tschebyscheff-Stützstellen benutzt werden?

Beispiel 2.5.2 Vergleich aller Methoden (I)

$f(x) = 1/(1 + x^2)$, X- und Interpolationsintervall: [0, 10], Y-Intervallgrenzen unbestimmt, 5 äquidistante Stützstellen, Vergleich der Polynominterpolation, der beiden kubischen Splines und der Akima-Methode.

Die besten Ergebnisse liefert die Akima-Interpolation. Warum? Weshalb approximiert Spline B schlechter als Spline A? Woran liegt es, daß die Polynominterpolation verhältnismäßig gut abschneidet?

In *Abschnitt 2.3* wurde deutlich, daß die Polynominterpolation für die Funktion $f(x) = sin(x)$ recht gute Ergebnisse liefert. Wie ist die Qualität der Polynominterpolation einzuschätzen, wenn man die Resultate des Standardbeispiels mit denen der *Beispiele 2.5.1* und *2.5.2* vergleicht?

Beispiel 2.5.3 Vergleich aller Methoden (II)

$f(x) = x^{1/3}$, X- und Interpolationsintervall: [0, 64], Y-Intervallgrenzen unbestimmt, 5 frei gewählte Stützstellen: $x_0 = 0.$, $x_1 = 1.$, $x_2 = 8.$, $x_3 = 27.$, $x_4 = 64$.

a) *Vergleich der Polynominterpolation, des kubischen Splines mit natürlichen Randbedingungen und der Akima-Methode.*
b) *Vergleich der übrigen Methoden mit Spline B.*

Beispiel 2.5.4 Vergleich der Akima- und Spline-Interpolation

$f(x) = sin^3(x) + 3 cos(4x)$, X-und Interpolationsintervall: [-4, 4], Y-Intervallgrenzen unbestimmt, 15 äquidistante Stützstellen; Vergleich der Akima-Methode sowie der Splines A und B.

Warum approximiert die Akima-Interpolierende in den *Beispielen 2.5.2* und *2.5.3* besser und in *Beispiel 2.5.4* schlechter als die Spline-Methoden? Kann man eine grobe Regel ableiten, in welchem Falle welche Interpolationsart vorzuziehen ist?

Beispiel 2.5.5 Konvergenz

$f(x) = x sin(\pi/x)$, $x \in (0, 1]$, also z. B. X-und Interpolationsgrenzen: [0.01, 1], Y-Intervallgrenzen unbestimmt,
freie Wahl von 5, 7 und 9 Stützstellen: $x_j = 1/(j + 1)$, Polynominterpolation.
Was passiert?

Zum Abschluß folgt ein Beispiel, in dem eine Idee der *Romberg-Extrapolation* zur Berechnung der Ableitung einer Funktion an einer festen Stelle vermittelt wird.

2 Interpolation

Beispiel 2.5.6 Numerische Differentiation durch Extrapolation

Zur Berechnung der Ableitung einer Funktion $w(x)$ an der Stelle x_0 wird der zentrale Differenzenquotient (2.15)

$$\delta_h w(x_0) = \frac{1}{2h} (w(x_0 + h) - w(x_0 - h))$$

benutzt. Es gilt:

$$\lim_{h \to 0} \delta_h w(x_0) = w'(x_0).$$

Eine Grundidee der *Romberg-Methode* zur Bestimmung der Ableitung einer Funktion an einer festen Stelle ist es, $\delta_h w(x_0)$ als Funktion von h und mit Hilfe der Polynominterpolation zu den Stützstellen

$$h_0, h_0/2, h_0/4, h_0/8, \ldots, h_0/2^n,$$

an der Stelle $h = 0$ zu extrapolieren. Das Interpolationspolynom wird jeweils mit den Formeln von *Aitken-Neville* ausgewertet, mit denen man den Funktionswert des Interpolationspolynoms in der Newtonschen Darstellung an einer festen Stelle berechnen kann. (Vgl. eines der zum Thema "Interpolation" angegebenen Lehrbücher.)

Diese Idee läßt sich anhand eines konkreten Beispiels ausgezeichnet veranschaulichen: Zur Berechnung der Ableitung der Funktion $w(x) = tan(x)$ an der Stelle $x_0 = 0.5$ erhalten wir folgenden zentralen Differenzenquotienten:

$$\delta_h w(0.5) = \frac{1}{2h} (tan(0.5 + h) - tan(0.5 - h)).$$

Für die Programmeingabe ersetzen wir δ_h als Funktion von h durch $f(x)$ und erhalten mit $h_0 = 1$ und $n = 3$, also den Stützstellen *1, 1/2, 1/4 und 1/8*, die folgenden Eingaben:

$$f(x) = \frac{1}{2x} (tan(0.5 + x) - tan(0.5 - x)), \quad x \in [0, 1],$$

Y-Intervallgrenzen unbestimmt, Interpolationsintervall: [0.125, 1], $x \in [0., 1]$, *4 Stützstellen freier Wahl:* $x_0 = 0.125$, $x_1 = 0.25$, $x_2 = 0.5$, $x_3 = 1.$, *Zeichnung der Polynominterpolation*.

Der näherungsweise Ableitungswert an der Stelle $x = 0.5$ läßt sich in der Grafik dort ablesen, wo die Interpolierende auf die y-Achse trifft.

Veranschaulichen Sie die Romberg-Extrapolation auch für $n = 2$ und $n = 4$. Die untere Grenze des Interpolationsintervalls muß dabei jeweils geändert werden. Experimentieren Sie ferner mit äquidistanten Stützstellen ($x_0 = 0.2$, $x_1 = 0.4, \ldots, x_4 = 1.0$ oder $x_0 = 0.1$, $x_1 = 0.2, \ldots, x_9 = 1.0$). Warum ist diese Strategie nicht so effektiv?

2.6 Interpolation von Meßwerten

Anstelle einer zu interpolierenden Funktion können in diesem Programm eigene Meßwerte eingegeben werden.

Programmabfragen mit Standardbeispiel

X-Intervallgrenzen:	*[0.5, 9.5]*	
Y-Intervallgrenzen:	*[-15., 30.]*	
Anzahl der Meßwerte:	6	(3 - 15)
Angabe der Meßwerte:		
	$x_0 = 1, x_1 = 3, x_2 = 5, x_3 = 7, x_4 = 8,$	
	$x_5 = 9$	
	$y_0 = 5, y_1 = 9, y_2 = 14, y_3 = 25, y_4 = 27,$	
	$y_5 = -5$	
Polynominterpolation:	*Ja*	*(Ja/Nein)*
Akima-Interpolation:	*Ja*	"
Spline A (natürlich):	*Ja*	"
Auswertungen:	*300*	(100 - 999).

Man kann die drei angebotenen Interpolationsarten zunächst miteinander vergleichen und sich dann entscheiden, welche Methode für ein gegebenes Problem am geeignetsten ist. Wie für die Y-Achse braucht auch für die X-Achse keine Begrenzung eingegeben werden. In diesem Fall werden vom Programm der größte und der kleinste der angegebenen X-Meßwerte eingesetzt.

Beispiel 2.6.1

Zeichnen Sie die Interpolationskurve mit folgenden Werten:
$x_0 = 1., x_1 = 2., x_2 = 3., x_3 = 4., x_4 = 5., x_5 = 6., x_6 = 7.,$
$y_0 = 2., y_1 = 2., y_2 = 2., y_3 = 4., y_4 = 2., y_5 = 2., y_6 = 2..$
Wie sind die Unterschiede zwischen *Spline-*, *Akima-* und *Polynominterpolation* zu erklären?

Beispiel 2.6.2 Schiffskonstruktion (I)

Es soll mit möglichst einfachen Rechenvorschriften ein Schiff von *20 m* Länge gebaut werden. Die vom Bug zum Heck durchnumerierten neun Spanten S_j, $j = 1, \ldots, 9$, haben *2m* Abstand voneinander bzw. von Bug und Heck. Jeder Spant ist symmetrisch und senkrecht zum Kiel und hat die Höhe H_0. Die Breite B_j, $j = 1, \ldots, 9$, der Spanten in der Höhe H_0 legen wir einfach durch folgende Ellipsengleichung fest.

$$B_j = \frac{2}{5} \left(2j(20 - 2j)\right)^{1/2} \quad , j = 1, \ldots, 9.$$

2 Interpolation

Gezeichnet werden sollen die Stringer, d.h. die in der Höhe H_0 in Längsrichtung verlaufenden Planken. Legt man die X-Achse so auf den Kiel, daß Bug und Heck nach $x = 0$ bzw. $x = 20$ kommen, so ergeben sich zur Berechnung des Stringers auf der Steuerbord-Seite die Stützpunkte

$$P_j := (2j, \frac{1}{2} b_j (H)) \ , \ j = 1, \ldots, 9$$

und $P_0 = (0, 0)$, $P_{10} = (20, 0)$.

Interpolieren Sie der Einfachheit halber zunächst nur die Stützpunkte P_0, $P_1 = (2., 2.4)$, $P_2 = (4., 3.2)$, $P_5 = (10., 4.)$, $P_8 = (16., 3.2)$, $P_9 = (18., 2.4)$ und P_{10}. Achten Sie auf gleichen Maßstab der X- und Y-Achse und wählen Sie z. B. für $x \in [0., 20.]$ und $y \in [0., 10.]$ entsprechende Achsenlängen von 20 bzw. 10 Einheiten.

Interpolieren Sie in einer weiteren Grafik nur mit drei oder vier Punkten.

Aufgrund des Ellipsenansatzes sieht der Bug des Schiffes nicht sehr wirklichkeitsgetreu aus. Man könnte auf der Basis dieses Ansatzes jedoch einige Stützstellen gezielt verändern.

Um das ganze Schiff fertigzustellen, müßte man einen Ansatz finden, um auch die Stringer in den Höhen H zu zeichnen. Eine Möglichkeit bestünde darin, an der j-ten Stützstelle die Breite des Schiffes in der Höhe H einfach durch eine Parabel höherer Ordnung festzulegen.

Beispiel 2.6.3 Schiffskonstruktion (II)

Angegeben werden die Werte der Wasserlinie des Vorschiffes der "Nieuw Amsterdam":

$x_0 = 0$, $x_1 = 0.1$, $x_2 = 0.2$, $x_3 = 0.3$, $x_4 = 0.4$, $x_5 = 0.5$,
$x_6 = 0.6$, $x_7 = 0.7$, $x_8 = 0.8$, $x_9 = 0.9$, $x_{10} = 1.0$,
$y_0 = 1.0$, $y_1 = 0.989$, $y_2 = 0.959$, $y_3 = 0.900$, $y_4 = 0.810$, $y_5 = 0.691$,
$y_6 = 0.549$, $y_7 = 0.395$, $y_8 = 0.243$, $y_9 = 0.110$, $y_{10} = 0.0$

Quelle: *Becker / Dreyer / Haacke / Nabert [1977], Rösingh / Berghuis [1961]*.

2.7 Parameterdarstellung der Spline- und Akima-Interpolierenden

Mit den bisher vorgestellten Interpolationsmethoden konnten keine Kurven erzeugt werden, die zu einem X-Wert mehrere Y-Werte besitzen, es war also nur das Zeichnen von Funktionen möglich. Für das Anfertigen von Kurven, wie z.B. Tragflügelprofilen, reichen diese Programme daher nicht aus. Mittels einer Parameterdarstellung der Kurve läßt sich das Problem lösen.

Für die gesuchte Kurve wird die Parameterdarstellung $x = x(t)$ und $y = y(t)$ mit t als Kurvenparameter verwendet. t ist dabei die aufsummierte Wegstrecke, die bei Verbindung der Punkte durch gerade Linienstücke entsteht. Man setzt:

$$t_0 = 0, \quad t_k = t_{k-1} + ((x_k - x_{k-1})^2 + (y_k - y_{k-1})^2)^{1/2}, \quad k = 1, 2, \ldots, n.$$

Damit lassen sich die Funktionen (t_k, x_k) und (t_k, y_k), $k = 1, \ldots, n$, tabellieren.

Das Programm berechnet zu beiden Funktionen die kubischen Spline-Interpolierenden mit natürlichen Randbedingungen sowie die Akima-Interpolierende. Durch die Paare $(x(t), y(t))$, $t \in [0, n]$ wird die Kurve beschrieben.

Programmabfragen mit Standardbeispiel

X-Intervallgrenzen:	[-3.5, 3.5]	
Y-Intervallgrenzen:	[-2.5, 2.5]	
Angabe der Meßwerte:	$x_0 = 0., x_1 = 1., x_2 = 1.75, x_3 = 2., x_4 = 1.25,$	
	$y_0 = 2., y_1 = 1., y_2 = 1.25, y_3 = 2., y_4 = 1.75,$	
	$x_5 = 1.5, x_6 = 2., x_7 = 2.25, x_8 = 3.,$	
	$y_5 = 0., \quad y_6 = -1., y_7 = -1.75, y_8 = -2.,$	
	$x_9 = 2.75, x_{10} = 0., x_{11} = -2., x_{12} = -2.75,$	
	$y_9 = -1.25, y_{10} = -2., y_{11} = -1., y_{12} = -1.25,$	
	$x_{13} = -3. , x_{14} = -2.25, x_{15} = -1.5, x_{16} = -1.25,$	
	$y_{13} = -2., y_{14} = -1.75, y_{15} = 0., y_{16} = 1.75,$	
	$x_{17} = -2., x_{18} = -1.75, x_{19} = 0.$	
	$y_{17} = 2., \quad y_{18} = 1.25, \quad y_{19} = 2.$	
Akima-Interpolation:	*Nein*	*(J / N)*
Spline A (natürlich):	*Nein*	*(J / N)*
Auswertungen:	*300*	*(100 - 500).*

Die Auswertungen werden mit der Anzahl der angegebenen Punkte jeweils für X und für Y auf dem T-Intervall durchgeführt. Die Rechenzeit ist bei *300* Auswertungen also länger als in Programmen, in denen nur in eine Richtung ausgewertet wird. Für beide Achsen braucht keine Begrenzung angegeben werden.

2 Interpolation

Beispiel 2.7.1 Phasendiagramm einer Differentialgleichung

$x \in [0., 1.5], y \in [0., 1.]$, Akima- und Spline-Interpolation.
Angabe der Meßwerte:
$x_0 = 1.5, x_1 = 0.9, x_2 = 0.2, x_3 = 0.35, x_4 = 1.1, x_5 = 1.15, x_6 = 0.4, x_7 = 0.7$,
$x_8 = 1.0, x_9 = 0.6, x_{10} = 0.8, x_{11} = 0.9$,
$y_0 = 0.5, y_1 = 0.9, y_2 = 0.7, y_3 = 0.2, y_4 = 0.25, y_5 = 0.65, y_6 = 0.7, y_7 = 0.3$,
$y_8 = 0.6, y_9 = 0.65, y_{10} = 0.4, y_{11} = 0.6$.

Das Beispiel enthält gerundete diskrete Lösungspunkte der Phasenebene eines numerisch integrierten Systems zweier Differentialgleichungen erster Ordnung. (Vgl. *Abschnitte 6.6* und *6.7*). Welche der beiden Interpolationsarten eignet sich besser zur Interpolation?

Beispiel 2.7.2 Tragflügelprofil

Folgende Werte beschreiben das Profil eines Tragflügels:

x	y_{oben}	y_{unten}	x	y_{oben}	y_{unten}
0.	0.00	0.00			
2.5	5.38	-4.20	80.0	23.20	-14.75
5.0	7.50	-5.85	100.0	22.30	-13.35
10.0	10.64	-8.10	120.0	20.10	-11.30
15.0	13.00	-9.90	140.0	16.50	-8.80
20.0	15.00	-11.20	160.0	12.00	-6.15
30.0	17.90	-13.20	180.0	6.75	-3.15
40.0	20.00	-14.20	190.0	3.70	-1.60
60.0	22.80	-15.10	200.0	0.00	0.00

Wählen Sie eine geeignete Anzahl von Punkten aus und interpolieren Sie mit Spline- und Akima-Polynomen! Ein Unterschied zwischen beiden Methoden ist nur auszumachen, wenn man sehr wenige Stützpunkte verwendet und wegen des ungünstigen Maßstabs nur einen kleinen Profilausschnitt betrachtet.

Weitere Daten für Tragflügelprofile: *Althaus / Wortmann [1981]*, *Riegels [1958]*.

Beispiel 2.7.3 Approximation einer Ellipse

Approximieren Sie eine Ellipse mit den Halbachsen $a = 3$ und $b = 1$ mittels einer Kurvendarstellung. Wählen Sie dazu *4, 8, 12, 16* oder *20* Punkte und interpolieren Sie mit den verschiedenen Spline-Variationen und Akima. Welche Randbedingungen sollten für den Spline gewählt werden? Die Ellipsengleichung lautet: $x^2 b^2 + y^2 a^2 = a^2 b^2$.

2.8 Differentiation von Interpolierenden

Zur Approximation einer Ableitungsfunktion $f'(x)$ wird die Stammfunktion $f(x)$ interpoliert. Anschließend wird die Ableitungsfunktion der Interpolierenden berechnet und kann mit $f'(x)$ verglichen werden.

Programmabfragen mit Standardbeispiel

Funktion:	$f(x) = x \cdot sin(x)$	
Ableitung:	$f'(x) = sin(x) + x \cdot cos(x)$	
X-Intervallgrenzen:	$[0, 5]$	
Y-Intervallgrenzen:	$[-5, 2]$	
Interpolationsintervall:	$[0, 5]$	
Anzahl der Stützstellen:	5	(2 - 20)
Art der Stützstellen:	äquidistant	(äquidistant / Tschebyscheff)
Interpolationsverfahren:	Polynominterpol.	(Polynominterpolation, Splines A und B, quadr. Spline, Akima)
Auswertungen:	300	(100 - 999).

Beispiel 2.8.1 Zentraler Differenzenquotient

$f(x) = sin(x)$, $f'(x) = cos(x)$, *Y- und Interpolationsintervall: $[0, 1]$, Y-Intervallgrenzen unbestimmt, 2 äquidistante Stützstellen mit Polynominterpolation.*

Der Funktionswert des abgeleiteten Interpolationspolynoms bei $x_0 = 0.5$ ist die Näherung des zentralen Differenzenquotienten (2.15) für die Ableitung $f'(x_0)$ mit der Schrittweite $h = 0.5$. Man wertet also nur an einem Punkt aus.

Beispiel 2.8.2 Differenzenformeln mit höherer asymptotischer Genauigkeit

$f(x) = cos(x)$, $f'(x) = -sin(x)$, *X- und Interpolationsgrenzen: $[1, 2]$, Y-Intervallgrenzen unbestimmt, 4 äquidistante Stützstellen mit Polynominterpolation.*

Analog zur Herleitung von (2.15) und (2.16) bekommen wir für den Differenzenquotienten, den wir über die Ableitung des Interpolationspolynoms zu den Stützstellen $x_0 - 2h$, $x_0 - h$, $x_0 + h$, und $x_0 + 2h$ erhalten, die Formel

$$p'(x) = \frac{1}{6h}(-11 f(x) + 18 f(x+h) - 9 f(x+2h) + 2 f(x+3h))$$

mit dem Fehler $p'(x) = f'(x) + O(h^3)$. Die Ableitung bei $x_0 = 1$ wird exakter berechnet als in *Beispiel 2.8.1*.

Beispiel 2.8.3 Experimente mit dem Standardbeispiel

Testen Sie die verschiedenen Interpolationsverfahren im Standardbeispiel auf ihre Tauglichkeit für die numerische Differentiation. Was ist festzustellen?

2 Interpolation

Erläuterungen und Lösungen zu Kapitel 2

Stützstellenstrategien bei der Polynominterpolation

Beispiel 2.3.1: An diesem Fall wird deutlich, daß die Polynominterpolation mit äquidistanten Stützstellen völlig unzureichende Ergebnisse liefert und zur Approximation des Verlaufs einer Funktion in vielen Fällen kaum zu gebrauchen ist. Da der Fehler des Interpolationspolynoms sich besonders an den Rändern des Intervalls auswirkt, liegt es nahe, Tschebyscheff-Stützstellen zu wählen, die aufgrund der Eigenschaften der Cosinusfunktion dichter am Rand des zugrundegelegten Intervalls liegen als in dessen inneren Bereich. Mit dieser Strategie erhält man - wie *Beispiel 2.3.3* zeigt - tatsächlich bessere Ergebnisse.

Runge [1901] konnte zeigen, daß die Folge der Interpolationspolynome $\{p_n(x)\}$ mit jeweils $n + 1$ äquidistanten Stützstellen zur Funktion $f(x) = 1/(1 + x^2)$ nur für $|x| \leq 3.63$ konvergiert, ansonsten jedoch divergiert. *Bernstein* bewies entsprechend die Divergenz für $f(x) = |x|$ in $(-1, 1)$. (vgl. *Natanson [1955]*).

Allgemein sind zum Thema Konvergenz von Folgen von Interpolationspolynomen folgende drei Sätze wichtig, die an dieser Stelle lediglich erwähnt und nicht bewiesen werden sollen.

Konvergenzsatz 1: Sei f eine ganze, für reelle Werte reellwertige Funktion, d.h. die Potenzreihenentwicklung

$$f(z) = \sum_{j=0}^{\infty} a_j z^j$$

(mit reellen Koeffizienten a_j)konvergiere in der gesamten komplexen Ebene. Dann konvergiert die Folge $\{p_n(x)\}_{n \in \mathbb{N}}$ der Interpolationspolynome zu f mit je $n + 1$ beliebigen, paarweise verschiedenen Stützstellen im Stützstellenintervall $[a, b]$ gleichmäßig gegen f.

Beispiel: $f(x) = 1/(1 + x^2)$ und $f(x) = \arctan(x)$ sind im Reellen zwar analytische Funktionen, besitzen bei $z_{1,2} = \pm i$ im Komplexen aber Singularitäten, sind damit keine ganzen Funktionen und erfüllen die Voraussetzungen des Konvergenzsatzes nicht.

Konvergenzsatz 2 (Marcinkiewicz): Zu jeder auf $[a, b]$ stetigen Funktion kann man eine Folge von Interpolationspolynomen $\{p_n\}_{n \in \mathbb{N}}$ mit den jeweiligen Stützstellen $x_{n0}, \ldots, x_{nn}$, $x_{nj} \in [a, b]$ und $p(x_{nj}) = f(x_{nj}), j = 0, \ldots, n$, finden, die gleichmäßig gegen f konvergiert.

Konvergenzsatz 3 (Faber): Zu jeder Folge $\{p_n\}_{n \in \mathbb{N}}$ von Interpolationspolynomen mit jeweils $n + 1$ verschiedenen Stützstellen $x_{nj}, j = 0, \ldots, n$, aus dem Intervall *[a, b]* kann man eine auf *[a, b]* stetige Funktion finden, gegen die $\{p_n\}_{n \in \mathbb{N}}$ nicht gleichmäßig konvergiert.

Interessenten finden die Beweise der ersten beiden Konvergenzsätze beispielsweise bei *Hämmerlin / Hoffmann [1989]* und den des letzten bei *Brosowski / Kreß [1974]* oder *Natanson [1955]*.

Ein handfestes Kriterium zur Konvergenzuntersuchung bietet allerdings nur der Konvergenzsatz 1, die Sätze von Marcinkiewicz und Faber haben eher theoretischen Wert.

Beispiel 2.3.2: Auf $f(x) = sin(x)$ läßt sich Konvergenzsatz 1 für jedes beliebige Interpolationsintervall anwenden. Deshalb verbessert sich die Approximationsqualität des Interpolationspolynoms mit zunehmender Anzahl der Stützstellen.

Auf die drei Funktionen aus *Beispiel 2.3.1* ist Konvergenzsatz 1 hingegen nicht anzuwenden, denn keine der drei ist auf dem jeweils vorgegebenen Intervall eine ganze Funktion.

Beispiel 2.3.3: Aufgrund der Gültigkeit des Konvergenzsatzes 1 ist klar, daß sich für $f(x) = sin(x)$ keine grundlegenden Unterschiede im Konvergenzverhalten zwischen der Wahl von Tschebyscheff - oder äquidistanten Stützstellen ergeben. Bei gleicher Anzahl der Stützstellen ist die Approximation mit Tschebyscheff-Stützstellen dennoch besser.

Während die Folge der Interpolationspolynome von $f(x) = 1/(1 + x^2)$ für äquidistante Stützstellen auf dem Intervall *[-5, 5]* divergiert, liegt bei Wahl von Tschebyscheff-Stützstellen Konvergenz vor. (Vgl. *Schwarz [1986]*).

Auch für $f(x) = |x|$ und $f(x) = arctan(x)$ schmiegt sich das Polynom bei höherer Anzahl von Tschebyscheff-Stützstellen viel besser an die Funktion an als bei äquidistanten Stützstellen.

Beispiel 2.3.4: Ungeachtet der Ergebnisse aus *Beispiel 2.3.3* kann der Interpolationsfehler aufgrund von Rundungsfehlern bei einer größeren Anzahl von Stützstellen wieder anwachsen. Im Programm ist die Anzahl der Stützstellen deswegen auf *20* begrenzt, weil der Rundungsfehlereinfluß sich mit der Rechengenauigkeit in VISU häufig bereits bei einer Stützstellenanzahl zwischen *20* und *30* dramatisch auszuwirken beginnt. Durch eine größere Genauigkeit der Zahlendarstellung im Rechner ließe sich dieser Effekt zu einer höheren Stützstellenanzahl verschieben.

Ein weiterer bemerkenswerter Punkt ist, daß das Appproximationsverhalten der Interpolierenden mit einer geraden Anzahl von Stützstellen bei der Funktion $f(x) = 1 / (1 + x^2)$ in der Nähe des Maximums deutlich schlechter ist als mit einer ungeraden Anzahl von Stützstellen, da der Stützstelle in der Mitte des Intervalls besondere Bedeutung zukommt.

Mit der Konvergenzproblematik beschäftigt sich auch das **Beispiel 2.5.5**.

Extrapolation mit Interpolationspolynomen

Beispiel 2.3.5: Aufgrund der vorangegangenen Experimente kann für äquidistante Stützstellen keine überragende Extrapolationsqualität des Interpolationspolynoms erwartet werden. Es mag daher vielleicht überraschen, daß auch die anderen Versuche in diesem Beispiel keine zufriedenstellende Ergebnisse liefern. Eine Erhöhung der Anzahl der Tschebyscheff-Stützstellen verschlechtert nur das Ergebnis. Daraus läßt sich schließen, daß Interpolationspolynome für Extrapolationsaufgaben nicht zu gebrauchen sind.

Anders ist es allerdings, wenn eine Folge von Stützstellen, würde man sie immer weiter fortsetzen, gegen den Abszissenwert des zu extrapolierenden Punktes konvergiert. Ein solcher Fall wird im **Beispiel 2.5.6** (Differentiation durch Extrapolation) behandelt.

Interpolation von rationalen und periodischen Funktionen

Beispiel 2.3.6: Wenn die zu interpolierende Funktion im Interpolationsintervall Polstellen besitzt, ist es nicht möglich, brauchbare Interpolationspolynome zu gewinnen, da die betragsmäßig sehr großen Stützwerte in der Nähe der Polstelle ein stärkeres Schwingen des Interpolationspolynoms begünstigen. Abhilfe läßt sich nur durch die Wahl einer *gebrochen rationalen Interpolationsfunktion*, deren Darstellung z. B. bei *Schwarz [1986]* zu finden ist, schaffen.

Beispiel 2.3.7: Je kleiner die Periode einer Funktion ist und je mehr Oszillationen sie auf dieser Periode aufweist, desto weniger ist eine Interpolation mit dem Polynom (2.2) effektiv. Zwar erhalten wir bei Wahl von Tschebyscheff-Stützstellen in diesem Fall recht gute Ergebnisse, mit 17 Stützstellen sind wir aber auch schon fast in den Bereich gekommen, in dem die Rundungsfehler sich mehr und mehr auszuwirken beginnen. Man interpoliert daher periodische Funktionen in der Regel mit *trigonometrischen Interpolationspolynomen*, deren Darstellung beispielsweise bei *Hämmerlin / Hoffmann [1989]* nachzulesen ist.

Fehler bei der Polynominterpolation

Beispiel 2.4.1: Die Wahl einer zu hohen Anzahl von Stützstellen kann die Fehlerfortpflanzung in starkem Maße begünstigen. Allerdings ist der Unterschied zwischen den Interpolationspolynomen mit und ohne Fehler in der Regel dort am größten ist, wo das Interpolationspolynom ohnehin schon einen fehlerhaften Verlauf hat.

Vergleich verschiedener Interpolationsmethoden

Beispiel 2.5.1: Der quadratische Spline liefert auf Teilen des Intervalls sogar schlechtere Approximationsergebnisse als die Polynominterpolation. Nachdem die Funktion bei $x = 0$ ihr Maximum erreicht, schaukelt sich die quadratische Spline-Interpolierende zu immer größeren Fehlern auf.

Die kubische Spline-Funktion interpoliert in diesem Beispiel am besten, auch wenn bei der Polynominterpolation Tschebyscheff-Stützstellen gewählt werden. Bei der Spline-Interpolation wirken sich Rundungs- und Meßfehler bei größerer Anzahl von Stützstellen nicht so fehlervergrößernd aus.

Kubische Splines sind der Polynominterpolation für praktische Aufgaben daher auf jeden Fall vorzuziehen. Die eigentlich interessanten Vergleiche sind also zwischen den verschiedenen Arten der Spline-Interpolation und der ebenfalls stückweisen Akima-Interpolation anzustellen.

Beispiel 2.5.2: Die Polynominterpolation kann sich besonders schlecht Funktionen anpassen, die sich nach Durchlaufen eines Extremwertes asymptotisch einer Achse nähern, weil ein einmal begonnenes Schwingen des Interpolationspolynoms sich fortsetzt. In diesem Fall, in dem die Funktion $f(x) = 1/(1+x^2)$ nur für ein positives Argument betrachtet wird, erhält man ein wesentlich besseres Ergebnis. Eine weitere Erhöhung der Stützstellen würde allerdings ein neues Aufschwingen des Fehlers begünstigen.

Auch Spline-Interpolierende haben speziell bei asymptotisch sich annähernden Funktionen Schwachpunkte. Eine einmal begonnene Schwingung ist - wie sich hier zeigt - nicht mehr abzustellen. Beim Spline B wirkt sich dieser Umstand im Beispiel besonders fatal aus, da er mit der Steigung $m_0 = 0$ beginnt und sich deswegen weit von der Funktion entfernt.

Die Akima-Interpolation ist in diesem Fall der Spline-Interpolation deutlich überlegen, da sie die Steigungen aus den jeweils benachbarten Teilintervallen berücksichtigt und deswegen bei asymptotischen Annäherungen der zu interpolierenden Kurve weniger zu Schwingungen neigt.

Beispiel 2.5.3: Wir finden in diesem Beispiel eine Bestätigung unserer Erkenntnisse aus den beiden vorhergehenden Beispielen. Die Approximationsqualität der Polynominterpolation ist katastrophal schlecht, die Akima-Interpolation bei dem relativ "ausgeglichenen" Verlauf der Funktion besser als die Spline-Interpolation. Spline B ist überhaupt nicht zu gebrauchen, da er

2 Interpolation

sich wegen der großen Anfangssteigung zu sehr von der zu interpolierenden Funktion entfernt.

Beispiel 2.5.4: Im Gegensatz zu Kurven mit asymptotischem Verhalten ist bei schwingenden Funktionen die Spline-Interpolation der Akima-Methode überlegen. Die Steigungen der linearen Splines aus den benachbarten Teilintervallen vergrößern nur den Fehler, wenn sie einbezogen werden. Insbesondere der Spline B erweist sich hier als geeignet. Eine periodische Kurve kann unter der Voraussetzung, daß die Periodenlänge der Funktion bekannt ist, ideal durch Splines mit periodischen Randbedingungen interpoliert werden.

Konvergenz

Beispiel 2.5.5: Die Folge der Interpolationspolynome konvergiert nur im Punkt $x = 0$ und den Punkten $x_n = 1/(n+1)$, $n = 1, 2, ..$ gegen die interpolierte Funktion.

Differentiation durch Extrapolation

Beispiel 2.5.6: Für $n = 4$ kann der Wert $w'(0.5) \approx 1.298$ direkt als Untergrenze der Y-Achse aus der Zeichnung abgelesen werden. Denselben Wert erhalten wir, wenn wir $f'(0.5) = 1/cos^2(0.5)$ mit dem Taschenrechner bestimmen. Wird derselbe Versuch mit äquidistanten Stützstellen durchgeführt, so ist das Ergebnis aus den in *Beispiel 2.3.5* geschilderten Gründen noch sehr viel unbefriedigender.

Interpolation von Meßwerten

Beispiel 2.6.1: Dieses Beispiel macht noch einmal den grundlegenden Unterschied zwischen Spline- und Akima-Interpolation deutlich. Der Meßwerte liegen, bis auf den mittleren, auf einer Geraden parallel zur X-Achse. Der Ordinatenwert des mittleren Punktes ist deutlich größer als die der übrigen. Durch die Spline-Interpolation werden die Punkte mittels einer schwingenden Kurve verbunden, die Akima-Interpolation verbindet die drei jeweils außen auf einer Geraden liegenden Punkte tatsächlich durch eine nahezu parallel zur X-Achse verlaufende Linie und schert nur beim mittleren Punkt aus. Die Polynominterpolation oszilliert extrem stark.

Parameterdarstellung

Beispiel 2.7.1: Die spiralförmige Kurve des Phasendiagramms wird sehr viel besser mit kubischen Splines angenähert, da die Übergänge an den Stützpunkten runder werden.

Beispiel 2.7.3: Mit den natürlichen Splines bekommen wir ein relativ unzureichendes Ergebnis, es entsteht eine Nase am Anfangs- und Endpunkt der Ellipse. Am günstigsten wäre sicherlich die Anwendung periodischer Splines.

Numerische Differentiation

Beispiel 2.8.3: Die Qualität der Ableitung einer Interpolationsfunktion ist abhängig von der Eignung der Interpolierenden für die Approximation der Funktion. Die Ergebnisse aus Abschnitt 2.5 gelten daher auch hier.

Die Interpolationspolynome (2.2) sind nur dann geeignet, wenn die Ableitung der betreffenden Funktion an einer festen Stelle ausgewertet wird und die Stützstellen dieser Stelle angenähert werden können, wie es bei der Anwendung der Differenzenquotienten oder der Romberg-Extrapolation geschieht. Wird auf diese Weise die gesamte Ableitungsfunktion approximiert, so ist dieses sogar die beste numerische Differentiationsmethode.

Die Akima-Interpolierende ist ungeeignet, da sie an den Übergangsstellen der Teilintervalle nur einmal stetig differenzierbar ist.

Die kubische Spline-Interpolierende kommt für die einmalige Auswertung einer Ableitungsfunktion auf einem Intervall folglich am ehesten in Frage. Das ist auch das Resultat der Grafik. Allerdings ist der Spline mit natürlichen Randbedingungen häufig nicht geeignet, da seine Ableitungsfunktion an den Intervallrändern stets die Steigung $m = 0$ aufweist. Der quadratische Spline ist wiederum wegen seiner nur einfachen Differenzierbarkeit untauglich.

In der Praxis wertet man Ableitungsfunktionen mit Hilfe von Differenzenquotienten aus.

Literatur zum 2. Kapitel

Engeln-Müllges / Reutter [1987], Hämmerlin / Hoffmann [1989], Niederdrenk / Yserentant [1987], Schmeißer / Schirrmeier [1976], Schwarz [1986] und *Stoer [1989]* enthalten Darstellungen zur Polynom-, Spline- und Hermite-Interpolation und den Formeln von Aitken-Neville. Speziell mit der Spline-Interpolation beschäftigen sich *de Boor [1978]* und *Späth [1973]*. In *Engeln-Müllges / Reutter [1988]* sind eine Vielzahl von Differenzenformeln zur Approximation von Ableitungen tabelliert. Zur Akima-Interpolation wird die Originalarbeit von *Akima [1970]* empfohlen.

3 Konstruktion mit Bézier-Polynomen

Wenn man versucht, das Aussehen einer Spline-Interpolierenden durch Änderung eines oder mehrerer Stützpunkte zu beeinflussen, so können unerwartete oder ungewünschte Effekte eintreten, beispielsweise Schwingungen. Die Beispiele aus den *Abschnitten 2.5* bis *2.7* machen dies deutlich. Interpolationstechniken sind für Konstruktionsaufgaben daher im allgemeinen nachteilig.

Mit Hilfe von Bézier-Polynomen kann hingegen der Kurvenverlauf in einer vorhersehbaren Weise durch Veränderung weniger Punkte bestimmt werden. Der Anwendungsbereich liegt vor allem in der Fahrzeugkonstruktion. Entsprechend entwickelten P. *de Casteljau* und P. *Bézier* diese Konstruktionsmethode - unabhängig voneinander - während ihrer Tätigkeit bei zwei französischen Automobilkonzernen.

3.0 Mathematische Einführung

Bei der Konstruktion mit Bézier-Polynomen wird von der strengen Interpolationsforderung abgegangen. Das Polynom verläuft nur noch durch den ersten und letzten der vorgegebenen Stützpunkte. Es besteht aus Basispolynomen, die in dem vorgegebenen Intervall nicht oszillieren und nur ein Maximum haben. Die Basispolynome sind die Bernstein-Polynome.

Bernstein-Polynome

Die *Bernstein-Polynome* sind auf dem Intervall *[0, 1]* definiert und lauten:

$$B_i^n(t) = \binom{n}{i}(1-t)^{n-i} t^i \qquad , i = 0, \ldots, n. \tag{3.1}$$

Sie sind Polynome von Grad n und haben die folgenden Eigenschaften:

a) $\displaystyle\sum_{i=0}^{n} \binom{n}{i}(1-t)^{n-i} t^i = ((1-t)+t)^n = 1.$ (3.2)

   (Binomischer Lehrsatz)

b) $B_i^n(t)$ *hat eine i-fache Nullstelle für $t = 0$.* (3.3)

c) $B_i^n(t)$ *hat eine $(n-i)$-fache Nullstelle für $t = 1$.* (3.4)

d) $B_i^n(t)$ *hat an der Stelle $t = \dfrac{i}{n}$ sein einziges Maximum.* (3.5)

Die Bernstein-Polynome können mit *Programm 1.1 (Beispiel 1.1.8)* veranschaulicht werden.

Bézier-Polynome

Das *Bézier-Polynom* ist eine Linearkombination der wegen der Eigenschaften (3.3) und (3.4) linear unabhängigen Bernstein-Polynome und lautet:

$$p(t) = \sum_{i=0}^{n} b_i B_i^n(t) \quad , t \in [0,1]. \tag{3.6}$$

Durch die Wahl der *Bézier-Koeffizienten* b_i, $i = 0, \ldots, n$, kann der Verlauf des Polynoms beeinflußt werden.

Eigenschaften der Bézier-Polynome:

i) Die Berechnung des Bézier-Polynoms an den Rändern ergibt:

$$p(0) = b_0, \qquad p(1) = b_n. \tag{3.7}$$

Das Bézier-Polynom verläuft also durch die Punkte $(0, b_0)$ und $(1, b_n)$.

ii) Da das Bernstein-Polynom $B_i^n(t)$ bei $t = i/n$ sein Maximum hat, sind die Punkte

$$(\frac{i}{n}, b_i) \; , \; i = 0 \ldots, n,$$

von besonderer Bedeutung. Das Polygon mit diesen Punkten als Ecken wird *Bézier-Polygon* genannt. Die Werte der Bézier-Koeffizienten werden also mit äquidistantem Abstand im Intervall *[0, 1]* aufgetragen. Das Bézier-Polynom selbst verläuft nur durch die beiden äußeren dieser Punkte, es paßt sich jedoch dem Verlauf des Polygons in etwa an.

iii) Durch Differenzieren der Bernstein-Polynome erhält man für die Ableitung des Bézier-Polynoms an den Rändern:

$$p'(0) = n(b_1 - b_0), \qquad p'(1) = n(b_n - b_{n-1}). \tag{3.8}$$

Aufgrund der Eigenschaft (3.8) kann man durch die Wahl der ersten und letzten beiden Bézier-Koeffizienten die Steigungen des Polynoms an den Intervallrändern beeinflussen. Entsprechendes gilt für die zweite Ableitung:

$$p''(0) = n(n-1)(b_2 - 2b_1 + b_0), \qquad p''(1) = n(n-1)(b_n - 2b_{n-1} + b_{n-2}). \tag{3.9}$$

3 Konstruktion mit Bézier-Polynomen

Schema von de Casteljau

Mit dem Schema von *de Casteljau* wird der Funktionswert $b_{0,\ldots,n}(t)$ des Bézier-Polynoms zu den Bézier-Koeffizienten $b_0, \ldots, b_n$ für $t \in [0, 1]$ berechnet. Die Auswertung über dieses Schema ist effizienter als die direkte Berechnung des Polynoms an der gewünschten Stelle. Anhand der grafischen Darstellung des Schemas, die mit *Programm 3.1* möglich ist, wird der Zusammenhang zwischen Bézier-Polynom und Bézier-Polygon sehr anschaulich.

Das Schema hat folgende Gestalt:

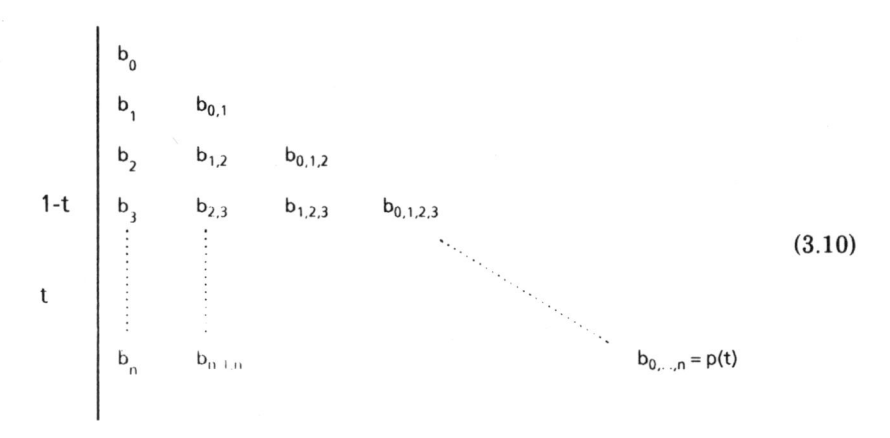

$$
\begin{array}{l|lllll}
 & b_0 & & & & \\
 & b_1 & b_{0,1} & & & \\
 & b_2 & b_{1,2} & b_{0,1,2} & & \\
1-t & b_3 & b_{2,3} & b_{1,2,3} & b_{0,1,2,3} & \\
 & \vdots & \vdots & & & \\
t & & & & & \\
 & b_n & b_{n-1,n} & & & b_{0,\ldots,n} = p(t) \\
\end{array}
\qquad (3.10)
$$

Allgemein findet man dabei den Wert $b_{r,\ldots,s}(t)$ des Bézier-Polynoms vom Grad $s - r$ zu den Bézier-Koeffizienten $b_r, b_{r+1}, \ldots, b_s$ über die Zwischenschritte

$$b_{i,\ldots,k} := (1 - t)\, b_{i,\ldots,k-1} + t\, b_{i+1,\ldots,k},$$
$$k = r + 1, r + 2, \ldots, s,$$
$$i = k - 1, k - 2, \ldots, r. \qquad (3.11)$$

In *Abschnitt 3.1* wird die Berechnung des Bézier-Polynoms zusammen mit der Visualisierung an einem Beispiel demonstriert.

Bézier-Funktionen

Durch die Veränderung der Bézier-Koeffizienten kann der Verlauf des Bézier-Polynoms beeinflußt werden. Bei Konstruktionsaufgaben möchte man sich natürlich nicht nur auf das Intervall *[0, 1]* beschränken und würde gern Polynome verschiedenen Grades aneinandersetzen. Das Intervall *[0, 1]* kann mit dem zugehörigen Bézier-Polynom auf ein beliebiges Intervall der reellen Zahlen transformiert werden. Setzt man mehrere Intervalle aneinander, so nennt man die einzelnen Teilintervalle auch *Segmente*, die Segmentränder heißen dann *Trennstellen*. Die Konstruktion von Bézier-Funktionen, die sich über mehrere Segmente erstrecken, wird in *Programm 3.2* behandelt. Die dazu nötigen Formeln werden für den vereinfachten Fall, daß die Bézier-Polynome in jedem Segment den gleichen Grad n besitzen, im folgenden entwickelt.

Wir gehen also von einer Einteilung

$$x_0 < x_1 < x_2 < \ldots < x_m \qquad (3.12)$$

des Intervalls $[x_0, x_m]$ aus und geben für jedes Segment $[x_k, x_{k+1}]$, $k = 0, \ldots, m\text{-}1$, ein Bézier-Polynom n-ten Grades vor. Damit haben wir insgesamt die $(m \cdot n) + 1$ Bézier-Koeffizienten

$$b_0, b_1, \ldots, b_n, b_{n+1}, \ldots, b_{2n}, \ldots, b_{mn}, \qquad (3.13)$$

wobei $b_{kn}, b_{kn+1}, \ldots, b_{(k+1)n}$ die Bézier-Koeffizienten des Polynoms im Segment $[x_k, x_{k+1}]$, $k = 0, \ldots, m-1$, sind.

Die Transformation von $[0, 1]$ auf $[x_k, x_{k+1}] \subset \mathbb{R}$ führen wir mit

$$t = \frac{x - x_k}{x_{k+1} - x_k}, \quad x = x_k + t(x_{k+1} - x_k),$$

$t \in [0, 1]$, $x \in [x_k, x_{k+1}]$ durch.

Sei $p_k(t)$ das Bézier-Polynom des Segmentes $[x_k, x_{k+1}]$, also

$$p_k(t) = \sum_{j=0}^{n} b_{nk+j} B_j^n(t),$$

dann gilt für die stückweise definierte Bézier-Funktion B_n, die sich über das gesamte Intervall $[x_0, x_m]$ erstreckt,

$$B_n(x) = p_k\left(\frac{x - x_k}{x_{k+1} - x_k}\right), \qquad x \in [x_k, x_{k+1}], k = 0, \ldots, m-1. \qquad (3.14)$$

Die Funktionswerte der auf diese Weise konstruierten Bézier-Funktion an den Rändern und Trennstellen sind nach (3.7) genau die Bézier-Koeffizienten b_{kn}, $k = 0, \ldots, m$. Die Bézier-Funktion kann als Interpolierende mit den Trennstellen als Stützstellen und den entsprechenden Bézier-Koeffizienten als Stützwerten aufgefasst werden.

Zusammenhang mit der Spline-Interpolation

Die konstruierte Bézier-Funktion ist genau dann eine Spline-Interpolierende der Ordnung n, wenn sie $(n-1)$-mal stetig differenzierbar ist. Wir wollen im folgenden untersuchen, wie die Bézier-Koeffizienten einer Spline-Interpolierenden aussehen. Für die l-te Ableitung der Bézier-Funktion (3.14) ergibt sich:

3 Konstruktion mit Bézier-Polynomen

$$B_n^{(l)}(x) = (x_{k+1} - x_k)^{-l} \, p_k^{(l)}\left(\frac{x - x_k}{x_{k+1} - x_k}\right), \; k = 0, \ldots, m - 1. \tag{3.15}$$

Stetige Differenzierbarkeit bedeutet für die Trennstellen, daß

$p_k(0) = p_{k-1}(1)$, $k = 1, \ldots, m-1$,

oder anders ausgedrückt,

$$B'_n(x_k + 0) = B'_n(x_k - 0), \; k = 1, \ldots, m-1, \tag{3.16}$$

ist. Mit $h_k := x_{k+1} - x_k$, $k = 0, \ldots, m-1$, erhalten wir wegen (3.8)

$$B'_n(x_k + 0) = \frac{1}{h_k} p'_k(0) = \frac{n}{h_k} (b_{nk+1} - b_{nk})$$

und

$$B'_n(x_k - 0) = \frac{1}{h_{k-1}} p'_{k-1}(1) = \frac{n}{h_{k-1}} (b_{nk} - b_{nk-1}).$$

Die Bedingungen für stetige Differenzierbarkeit lauten damit unter Ausnutzung von (3.16):

$$b_{nk} = \frac{h_{k-1}}{h_{k-1} + h_k} b_{nk+1} + \frac{h_k}{h_{k-1} + h_k} b_{nk-1} \; , \; k = 1, \ldots, m-1. \tag{3.17}$$

Für zweimalige stetige Differenzierbarkeit gilt analog mit (3.9):

$$B''_n(x_k + 0) = \frac{n(n-1)}{h_k^2} (b_{nk+2} - 2 b_{nk+1} + b_{nk}) \; , \; k = 0, \ldots, m-1,$$

und

$$B''_n(x_k - 0) = \frac{n(n-1)}{h_{k-1}^2} (b_{nk} - 2 b_{nk-1} + b_{nk-2}) \; , \; k = 1, \ldots, m.$$

Also ergibt sich

$$\frac{b_{nk+2} - 2 b_{nk+1} + b_{nk}}{h_k^2} = \frac{b_{nk} - 2 b_{nk-1} + b_{nk-2}}{h_{k-1}^2} \; , \; k = 1, \ldots, m-1,$$

und durch Einsetzen von (3.17)

$$\frac{b_{nk+1} - b_{nk-1}}{h_{k-1} + h_k} = \frac{h_k}{h_{k-1} + h_k} \frac{b_{nk-1} - b_{nk-2}}{h_{k-1}} + \frac{h_{k-1}}{h_{k-1} + h_k} \frac{b_{nk+2} - b_{nk+1}}{h_k},$$

$$k = 1, \ldots, m - 1. \tag{3.18}$$

Bei äquidistanten Stützstellen x_k, $k = 0, \ldots, m$, vereinfachen sich obige Formeln für einfache stetige Differenzierbarkeit zu

$$b_{nk} = \frac{1}{2}(b_{nk+1} + b_{nk-1}) \quad, \quad k = 1, \ldots, m - 1, \tag{3.19}$$

und für zweifache stetige Differenzierbarkeit zu

$$2\, b_{nk-1} - b_{nk-2} = 2\, b_{nk+1} - b_{nk+2}, \quad k = 1, \ldots, m - 1. \tag{3.20}$$

Im Fall einer kubischen Spline-Interpolierenden fehlen jetzt noch die Randbedingungen. Bei natürlichen Randbedingungen erhalten wir mit (3.9) und (3.15)

$$b_2 - 2\, b_1 + b_0 = 0$$

und (3.21)

$$b_{3m} - 2\, b_{3m-1} + b_{3m-2} = 0,$$

bei periodischen Randbedingungen mit (3.8), (3.9) und (3.15)

$$\frac{b_1 - b_0}{h_0} = \frac{b_{3m} - b_{3m-1}}{h_{m-1}}$$

sowie (3.22)

$$\frac{b_2 - 2\, b_1 + b_0}{h_0^2} = \frac{b_{3m} - 2\, b_{3m-1} + b_{3m-2}}{h_{m-1}^2}.$$

Konstruktion mit Bézier-Kurven

Ebenso wie bei der Spline-Interpolation (*Abschnitt 2.7*) ist es bei der Konstruktion mit Bézier-Polynomen möglich, Kurven zu entwerfen, die keine Funktionen sind. Dabei müssen die Werte der Bézier-Koeffizienten sowohl in X- als auch in Y-Richtung aufgetragen werden. Der Punkt **b**, der aus den beiden Komponenten $b_x(t)$ und $b_y(t)$ besteht, heißt dann *Bézier-Punkt*. Die folgende Abbildung zeigt, wie eine solche Konstruktion funktioniert.

3 Konstruktion mit Bézier-Polynomen

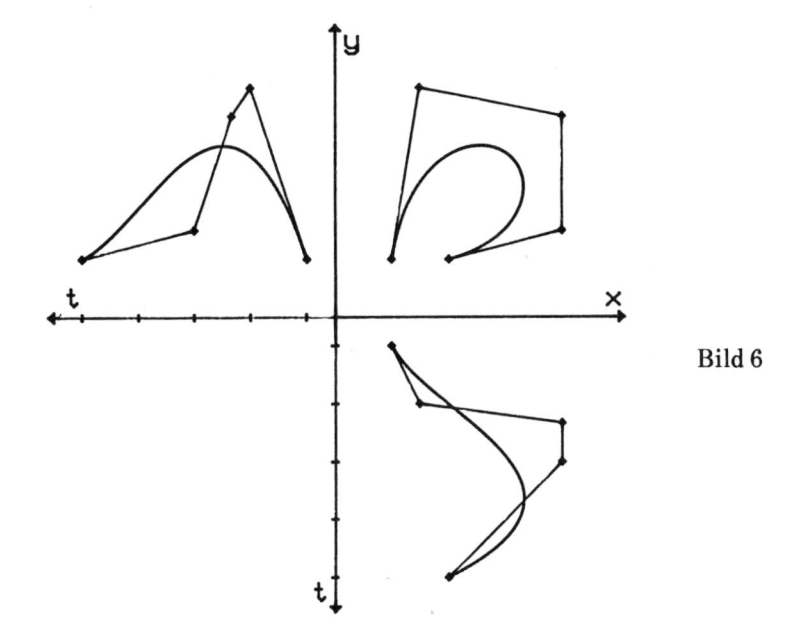

Bild 6

Entsprechend schreibt man das Bézier-Polynom für $t \in [0, 1]$

$$\mathbf{p}(t) = \sum_{i=0}^{n} \mathbf{b}_i B_i^n(t) \quad , t \in [0,1], \mathbf{p}:[0,1] \to \mathbb{R}^2, \mathbf{b}_i \in \mathbb{R}^2 \quad (3.23)$$

Das Schema von de Casteljau kann direkt übertragen werden. Falls man mehrere Segmente aneinandersetzt, brauchen in diesem Fall der Einfachheit halber nur die Intervalle $[k, k + 1]$, $k=0, \ldots, m - 1$, gewählt zu werden. Entsprechend werden die Bézier-Koeffizienten $b_x(t)$ und $b_y(t)$ an ihren Achsen jeweils über die Stellen $k + i/n$, $i = 0, \ldots, n$, $k = 0, \ldots, m - 1$, aufgetragen. Für den Bézier-Punkt $\mathbf{b} = (b_x(t), b_y(t))$ sind diese Stellen jedoch ohne Bedeutung. Die einzelnen Bézier-Polynome haben die Gestalt:

$$\mathbf{p}_k(t) = \sum_{j=0}^{n} \mathbf{b}_{nk+j} B_j^n(t) \quad , \quad t \in [k, k + 1]. \quad (3.24)$$

3.1 Schema von de Casteljau

Das mit (3.10) vorgestellte Schema von de Casteljau zur Berechnung des Funktionswertes eines Bézier-Polynoms $p(t)$ an einer Stelle $t^* \in [0, 1]$ läßt sich sehr schön veranschaulichen.

Programmabfragen mit Standardbeispiel

Anzahl der Bézier-Koeffizienten:	4	(2 - 15)
Angabe der Bézier-Koeffizienten:	$b_0 = 1, b_1 = 4, b_2 = 3.5, b_3 = 1.5$	
Auswertpunkt:	0.35	(aus (0,1))
Auswertungen:	300	(100 - 999)

Da vier Bézier-Koeffizienten vorgegeben sind, hat das Bézier-Polynom im Standardbeispiel den Grad 3. Die Werte der Bézier-Koeffizienten b_i werden stets über den Abszissen i/n, $i = 0, \ldots, n$, aufgetragen.

Die grafische Darstellung des Berechnungsschemas hat folgenden Ablauf: Zunächst wird das Bézier-Polygon mit den Punkten $(i/n, b_i)$, $i = 0, \ldots, n$, als Ecken gezeichnet. Die Polygonpunkte mit den Funktionswerten $b_{0,1} = t^* b_0 + (1 - t^*) b_1$, $b_{1,2} = t^* b_1 + (1 - t^*) b_2$ und $b_{2,3} = t^* b_2 + (1 - t^*) b_3$ teilen die jeweiligen Polygonstücke im gleichen Verhältnis, in dem das Intervall $[0, 1]$ an der Stelle t^* geteilt wird. Die so erhaltenen Punkte $(t^* i/n, b_{i-1, i})$, $i = 1, 2, 3$, werden wiederum durch ein Polygon verbunden und dessen Teilstrecken nochmals im gleichen Verhältnis geteilt, also an den Stellen mit den Funktionswerten $b_{0,1,2} = t^* b_{0,1} + (1 - t^*) b_{1,2}$ und $b_{1,2,3} = t^* b_{1,2} + (1 - t^*) b_{2,3}$. Dies wird so lange fortgesetzt, bis nur noch eine Verbindungsstrecke übrig bleibt. Der nun durch Teilung ermittelte Punkt liegt an der Stelle t^* auf dem Bézier-Polynom.

Im folgenden Beispiel schneiden sich das Bézier-Polynom und das -Bézier-Polygon.

Beispiel 3.1.1

Bézier-Koeffizienten: $b_0 = 2$, $b_1 = 3$, $b_2 = 7$, $b_3 = 4$, Auswertpunkt: 0.8.

Das Schema (3.10) von de Casteljau hat die Gestalt:

		$b_0 = 2$			
0.8		$b_1 = 3$	$b_{0,1} = 2.2$		
0.2		$b_2 = 7$	$b_{1,2} = 3.8$	$b_{0,1,2} = 2.52$	
		$b_3 = 4$	$b_{2,3} = 6.4$	$b_{1,2,3} = 4.32$	$b_{0,1,2,3} = 2.88$

3 Konstruktion mit Bézier-Polynomen

3.2 Zusammengesetzte Bézier-Funktionen

Die hier behandelten Funktionen setzen sich aus Bézier-Polynomen mehrerer Segmente zusammen. Ihre Funktionswerte an den Trennstellen der Segmente sind der erste und der letzte Wert der Bézier-Koeffizienten eines Teilpolynoms. Innerhalb eines Segmentes kann die Funktion durch Veränderung der Anzahl oder der Werte der Bézier-Koeffizienten beliebig variiert werden. Der Verlauf eines jeden Bézier-Polynoms paßt sich dem des Polygons in etwa an.

Programmabfragen mit Standardbeispiel

X-Intervallgrenzen:	*[0, 10]*	
Y-Intervallgrenzen:	*[-1, 10]*	
Anzahl der Segmente:	*3*	*(1 - 4)*
Angabe der Trennstellen:	$x_1 = 2, x_2 = 7$	
Anzahl der Bézier-Koeffizienten pro Segment (incl. Randpunkte):	*3*	*(2 - 5)*
Angabe der Bézier-Koeffizienten:		
1. Segment (ohne den letzten):	$b_o = 2, \quad b_1 = 1$	
2. Segment (ohne den letzten):	$b_2 = 4, \quad b_3 = 7$	
3. Segment (mit rechtem Randpunkt):	$b_4 = 0.5, b_5 = 10, \quad b_6 = 8$	
Auswertungen:	*100*	*(100 - 500)*.

Mit der Eingabemöglichkeit von 5 Bézier-Koeffizienten pro Segment können jeweils Bézier-Polynome maximal 4. Grades erzeugt werden. Es ist festgelegt, daß der Grad der Bézier-Polynome in jedem Segment gleichbleibt.

Zu den Übergangsbedingungen: Wünscht man sich an den Trennstellen ein- oder zweifache stetige Differenzierbarkeit, so müssen die Formeln (3.17) und (3.18) (bzw. (3.19) und (3.20)) ausgewertet werden.

Beispiel 3.2.1 Kubische Spline-Interpolation

Konstruieren Sie eine kubische Spline-Interpolierende zu *3* (ggf. äquidistanten) Stützstellen mit passender Wahl der Übergangsbedingungen oder berechnen Sie die Bézier-Koeffizienten der kubischen Spline-Interpolierenden durch die Punkte *(0, -2), (2, 2)* und *(4, 10)* für eine Zeichnung! Wie wirken sich die Übergangsbedingungen (3.17) und (3.18) auf das Aussehen des Bézier-Polygons aus? Was bedeuten natürliche und periodische Randbedingungen ((3.21) und (3.22)) geometrisch?

Beispiel 3.2.2 Kubische B-Splines

Als weiteres Beispiel für einen Spline soll der sogenannte *B- Spline* konstruiert werden. Bei *de Boor [1972]* werden Rekursionsformeln für die Berechnung der B-Splines angegeben. Wir wählen die geometrische Darstellung.

Wir beschränken uns zur Vereinfachung auf ein äquidistantes Gitter. Setzt man in der Bedingung (3.20) für zweimalige Differenzierbarkeit an den Trennstellen der Segmente

$$d_k := 2\, b_{3k-1} - b_{3k-2} = 2\, b_{3k+1} - b_{3k+2}\,, \quad k = 1, \ldots m-1,$$

(man mache sich anhand *Beispiel 3.2.1* klar, was d_k geometrisch bedeutet), so definiert man als kubischen B-Spline $N_{k,3}(x)$ denjenigen, für den $d_k = 1$ und $d_j = 0$ für $j \neq k$ gilt.

Im folgenden sollen die Bézier-Koeffizienten von $N_{k,3}(x)$ *bestimmt werden*:

i) Aus $d_{k-i} = 0$, $i = 1, \ldots, k$, folgt mit (3.20) und bei Wahl natürlicher Randbedingungen mit (3.21):

$b_j = 0$ für alle $j \leq 3(k-1) - 1 = 3k - 4$.

ii) Entsprechend ergibt sich aus $d_{k+i} = 0$, $i = 1, \ldots, m-k$:

$b_j = 0$ für alle $j \geq 3(k+1) + 1 = 3k + 4$.

iii) Mit (3.19) erhalten wir:

$2\, b_{3k-3} = b_{3k-4} + b_{3k-2} = b_{3k-2}$, da $b_{3k-4} = 0$,

ferner $\quad 2 b_{3k-2} - b_{3k-1} = d_{k-1} = 0$

sowie $\quad 2 b_{3k-1} - b_{3k-2} = d_k = 1$.

Daraus folgt:

$$b_{3k-2} = \frac{1}{3},\; b_{3k-1} = \frac{2}{3},\; b_{3k-3} = \frac{1}{6}.$$

iv) Für die rechte Seite wird entsprechend ausgerechnet:

$$b_{3k+1} = \frac{2}{3},\; b_{3k+2} = \frac{1}{3},\; b_{3k+3} = \frac{1}{6}.$$

v) Schließlich ist mit (3.19)

$2 b_{3k} = b_{3k-1} + b_{3k+1}$, also $b_{3k} = 2/3$.

Wir können die Bézier-Koeffizienten des kubischen B-Splines also in folgende Tabelle eintragen und den B-Spline damit zeichnen lassen.

j	0	1	2	3	4	...
$b_{3k \pm j}$	2/3	2/3	1/3	1/6	0	0

3 Konstruktion mit Bézier-Polynomen

$N_{k,3}(x)$ ist nur für $x_{k-2} < x < x_{k+2}$ von Null verschieden. Für die Grafik können Sie beispielsweise $x_k = k$, $k = 0, \ldots, m$, wählen und $N_{3,3}(x)$ konstruieren. Insgesamt bilden die $m + 3$ B-Splines $N_{k,3}(x)$ für $k = -1, \ldots, m+1$, eine Basis der kubischen Splines in $[x_0, x_m]$. B-Spline ist daher eine Abkürzung von Basis-Spline. Zur Darstellung der B-Splines in diesem Beispiel vgl. *Böhm / Gose / Kahmann [1985]*.

Analog lassen sich *lineare* und *quadratische B-Splines* konstruieren.

Für $N_{k,1}(x)$ setzt man fest: $b_k = 1$, $b_j = 0$ für $j \neq k$.

Die $m + 1$ B-Splines $N_{k,1}$, $k = 0, \ldots, m$, die jeweils für $x_{k-1} < x < x_{k+1}$ von Null verschieden sind, bilden entsprechend die Basis des Raumes der linearen Splines in $[x_0, x_m]$.

Für $N_{k,2}$ werden $b_{2k+1} = 1$, $b_{2j+1} = 0, j \neq k$ definiert. Damit erhält man mit den Differenzierbarkeitsbedingungen:

$$b_{2k} = \frac{1}{2}, \ b_{2k+1} = 1 \ und \ b_{2(k+1)} = \frac{1}{2}.$$

Alle übrigen Bézier-Koeffizienten sind Null. Die Basis des Raumes der quadratischen Splines in $[x_0, x_m]$ wird entsprechend von den $m + 2$ B-Splines $N_{k,2}(x)$, $k = -1, \ldots, m$, die jeweils für $x_{k-1} < x < x_{k+2}$ von Null verschieden sind, aufgespannt.

Bemerkung: Die Konstruktion der B-Splines entspricht der Forderung, daß sie auf einem möglichst großen Teil des Definitionsintervalls $[x_0, x_m]$ identisch verschwinden oder - anders formuliert - einen möglichst kleinen Träger besitzen sollen. Es gibt keinen Spline, bei dem mehr Bézier-Koeffizienten gleich Null sind als beim B-Spline.

Beispiel 3.2.3 Design einer Autokarosserie

Entwerfen Sie den Umriß einer Autokarosserie (z.B. *VW-Käfer, Citroen 2 CV, Porsche*) mit Hilfe von vier kubischen, an den Übergangsstellen stetigen Bézier-Polynomen (Vorderhaube, Frontscheibe, Dach, Heck) so, daß nur an den Endpunkten der Frontscheibe Ecken entstehen.

An dieser Aufgabe wird verständlich, warum Bézier-Polynome für die Konstruktion eine große Bedeutung haben. Durch geschickte Wahl der Bézier-Koeffizienten kann man über das Bézier-Polynom das Aussehen der Karosserie bestimmen und verändern.

Bei dieser Konstruktionsaufgabe sind die Stetigkeits- und Differenzierbarkeitsbedingungen an den Übergangsstellen wichtig. An den jeweiligen Enden der Frontscheibe sollen Ecken erzeugt werden, d. h. an diesen beiden Übergangsstellen darf die Kurve nicht differenzierbar sein. Da am Übergang vom Dach zum Heck keine Ecke entstehen soll, müssen dort die benachbarten Bézier-Punkte so gewählt werden, daß Differenzierbarkeit vorliegt.

3.3 Entwerfen mit Bézier-Kurven

Ein Nachteil der Autokonstruktion mit *Programm 3.2* ist, daß die gezeichneten Kurven stets Funktionen sein müssen. Die Konstruktion geschlossener Kurven oder Schleifen ist so nicht möglich, das vollständige Profil der Autokarosserie mit Unterboden und Radausbuchtungen kann nicht gezeichnet werden.

Gemäß Bild 6 wird in diesem Programm mit den Bézier-Punkten b_{nk+j}, $j = 0, \ldots, n$, mit den Komponenten $b_x(t)$ und $b_y(t)$, eine Bézier-Kurve mit den Teilpolynomen (3.24) über die m Segmente $[k, k+1]$, $k = 0, \ldots, m-1$, gezeichnet. Im Programm werden die Komponenten des Bézier-Punktes b_i der Einfachheit halber mit $b_i(x)$ und $b_i(y)$ bezeichnet.

Programmabfragen mit Standardbeispiel

X-Intervallgrenzen:	*[-2.5, 2.5]*	
Y-Intervallgrenzen:	*[0, 10]*	
Anzahl der Segmente:	2	*(1 - 10)*
Anzahl der Bézier-Punkte pro Segment (mit Randpunkten):	4	*(2 - 4)*
1. Segment:		
Angabe der Bézier-Punkte (ohne rechten Randpunkt):	$b_0(x) = 0., b_1(x) = -2., b_2(x) = -1.5,$	
	$b_0(y) = 0., b_1(y) = 3., b_2(y) = 7.$	
2. Segment:		
(mit rechtem Randpunkt):	$b_3(x) = 0., b_4(x) = 1.5, b_5(x) = 2., b_6(x) = 0.$	
	$b_3(y) = 5., b_4(y) = 7., b_5(y) = 3., b_6(y) = 0.$	
Auswertungen:	150	*(100 - 500)*
Einzeichnen des Polygons:	*Ja*	*(J/N)*.

Die X-Intervallgrenzen müssen den Werten $b_i(x)$ und die Y-Intervallgrenzen den Werten $b_i(y)$ angepaßt sein.

Die Auswertungen werden in X- und Y-Richtung vorgenommen.

Beispiel 3.3.1 Differenzierbarkeit

Verändern Sie im Standardbeispiel so viele Bézier-Punkte wie nötig, um an der Segmentübergangsstelle ein- und zweimalige Differenzierbarkeit zu erhalten.

Beispiel 3.3.2 Autodesign mit Unterboden

Entwerfen Sie in Anlehnung an Beispiel 3.2.3 ein Auto mit Unterboden und Rädern.

3 Konstruktion mit Bézier-Polynomen

Erläuterungen und Lösungen zu Kapitel 3

Zusammenhang mit den Splines

Beispiel 3.2.1: a) Eine kubische Spline-Interpolierende mit drei Stützstellen erstreckt sich über zwei Segmente, für die jeweils die Werte von vier Bézier-Koeffizienten benötigt werden. Für die zu konstruierende Spline-Interpolierende durch die vorgegebenen Punkte sind damit bereits $b_0 = -2$, $b_3 = 2$ und $b_6 = 10$ bekannt. Die Auswertung der Bedingungen (3.19), (3.20) und (3.21) ergibt für natürliche Randbedingungen: $b_1 = -1$, $b_2 = 0$, $b_4 = 4$ und $b_5 = 7$.

Für periodische Randbedingungen erhält man durch Anwenden von Formel (3.22) anstelle von (3.21): $b_1 = 0$, $b_2 = 0$, $b_4 = 4$ und $b_5 = 8$.

b) Einmalige Differenzierbarkeit an den Übergangsstellen bedeutet, daß die Polygonpunkte mit den Funktionswerten b_{3k-1}, b_{3k} und b_{3k+1}, $k=1,\ldots,m-1$, auf einer Geraden liegen müssen, das Bézier-Polygon darf bei b_{3k} also keinen Knick haben. Dies bedeutet, daß

$$\frac{b_{3k+1} - b_{3k}}{h_k/3} = \frac{b_{3k} - b_{3k-1}}{h_{k-1}/3}, \quad k = 1,\ldots,m-1,$$

sein muß. Damit ist aber lediglich (3.17) umgeformt.

c) Für zweimalige Differenzierbarkeit an den Übergangsstellen ist vor allem der Fall äquidistanter Stützstellen interessant. Nach (3.20) gilt dann

$$2 b_{3k-1} - b_{3k-2} = 2 b_{3k+1} - b_{3k+2}, \quad k = 1,\ldots, m-1.$$

Definieren wir

$$d_k := 2 b_{3k-1} - b_{3k-2} = 2 b_{3k+1} - b_{3k+2}, \quad k = 1,\ldots, m-1,$$

so ist der Punkt (x_k, d_k) Schnittpunkt der Geraden durch die Punkte $(x_k - 2 h_{k-1}/3, b_{3k-2})$ und $(x_k - h_{k-1}/3, b_{3k-1})$ einerseits sowie $(x_k + h_k/3, b_{3k+1})$ und $(x_k + 2 h_k/3, b_{3k+2})$ andererseits, denn es ist

$$d_k - b_{3k-1} = b_{3k-1} - b_{3k-2} \quad \text{und} \quad d_k - b_{3k+1} = b_{3k+1} - b_{3k+2}, \quad k = 1,\ldots, m-1.$$

Anders ausgedrückt: Die verlängerten Bézier-Polygonstücke zwischen den Punkten mit den Funktionswerten b_{3k-1} und b_{3k-2} einerseits sowie b_{3k+1} und b_{3k+2} andererseits treffen sich genau an der Trennstelle x_k, im Punkte (x_k, d_k), $k = 1,\ldots, m-1$.

Die Bedingung für einmalige Differenzierbarkeit, daß nämlich die Punkte mit den Funktionswerten b_{3k-1}, b_{3k} und b_{3k+1} auf einer Geraden liegen, gilt selbstverständlich außerdem.

d) Die Randbedingungen (3.21) für natürliche Splines implizieren, daß am linken und rechten Rand des Intervalls jeweils die Punkte mit den ersten bzw. letzten drei Bézier-Koeffizienten als Funktionswerte auf einer Geraden liegen.

e) Periodische Randbedingungen gemäß (3.22) bedeuten, daß das erste und letzte Polygonstück die gleiche Steigung hat und die Differenzen der ersten beiden Polygonstück-Steigungen im Verhältnis zur Länge des ersten Segmentes mit den Differenzen der letzten beiden Polygonstück-Steigungen im Verhältnis zur Länge des letzten Segmentes übereinstimmen.

Vergleichen Sie mit der Darstellung bei *Böhm / Gose / Kahmann [1985]*.

Beispiel 3.2.2: Für die Konstruktion des B-Splines $N_{3,3}(x)$ sind folgende Programmeingaben erforderlich:

X-Intervallgrenzen: [1, 5], Y-Intervallgrenzen unbestimmt, Anzahl der Segmente: 4; Trennstellen: 2, 3 und 4; Bézier-Koeffizienten pro Segment: 4; Werte der Bézier-Koeffizienten: $b_0 = b_1 = b_2 = b_{10} = b_{11} = b_{12} = 0$, $b_3 = b_9 = 1/6$, $b_4 = b_8 = 1/3$, $b_5 = b_6 = b_7 = 2/3$.

Für den quadratischen B-Spline $N_{3,2}$ wird eingegeben:

X-Intervallgrenzen: [2, 5], Y-Intervallgrenzen unbestimmt, Anzahl der Segmente: 3, Trennstellen: 3 und 4, Bézier-Koeffizienten pro Segment: 3, Werte der Bézier-Koeffizienten: $b_0 = b_1 = b_5 = b_6 = 0$, $b_2 = b_4 = 1/2$, $b_3 = 1$.

Schließlich kann der lineare B-Spline $N_{3,1}$ im *X-Intervall [2, 4]* mit den *Bézier-Koeffizienten* $b_0 = 0$, $b_1 = 1$ und $b_2 = 0$ gezeichnet werden.

Bézier-Kurven

Beispiel 3.3.1: Die Differenzierbarkeitsbedingungen müssen sowohl für die X- als auch für die Y-Komponente erfüllt sein. Daher gilt für einmalige Differenzierbarkeit

$2 b_3(x) = b_2(x) + b_1(x)$, was bereits erfüllt ist, und

$2 b_3(y) = b_2(y) + b_1(y)$.

Ein Koeffizient b_i, $i = 2, 3, 4$ ist demnach jeweils frei wählbar. Für zweimalige Differenzierbarkeit ist entsprechend vorzugehen.

3 Konstruktion mit Bézier-Polynomen

Beispiel 3.3.2: Mit dem ebenfalls eingezeichneten Bézier-Polygon könnte ein Autodesign beispielsweise so aussehen:

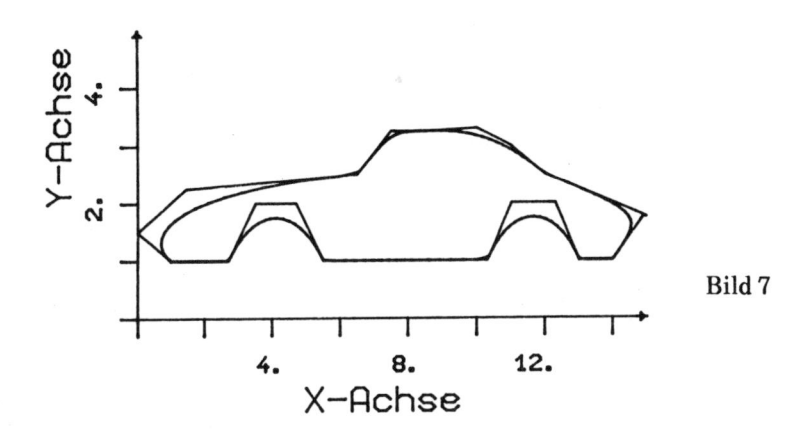

Bild 7

Literatur zum 3. Kapitel

Ausführliche Darstellungen zu Bézier-Polynomen findet man bei *Farin [1988]* und *Mortenson [1985]*. Der Zusammenhang zur Spline-Interpolation wird bei *Böhm, Gose, Kahmann [1985]* herausgearbeitet. Über B-Splines können Sie sich außer in den bereits angegebenen Lehrbüchern bei *de Boor [1978]*, *Grieger [1986]* und *Hämmerlin / Hoffmann [1989]* informieren.

4 Ausgleichsrechnung

4.0 Mathematische Einführung

Problemstellung

Zu den Wertepaaren $(x_0, f_0), (x_1, f_1), \ldots, (x_n, f_n)$ sucht man für vorgegebene *Ansatzfunktionen* $\rho_0(x), \ldots, \rho_r(x)$ Parameter $a_0, \ldots, a_r$, so daß die Summe der Fehlerquadrate

$$\sum_{j=0}^{n} (f_j - \sum_{k=0}^{r} a_k \rho_k(x_j))^2 \qquad (4.1)$$

möglichst klein wird.

Man kann auch andere Maße für die Minimierung des Fehlers heranziehen. Bei dem hier vorgestellten Maß handelt es sich um die Gaußsche Methode der kleinsten Quadrate, die als wichtigste für diesen Bereich in VISU vorgestellt wird.

Im Fall $r = n$, also mit $n + 1$ vorgegebenen Ansatzfunktionen $\rho_0(x), \ldots, \rho_n(x)$, hätten wir es mit der Interpolationsaufgabe zu tun, bei der der Fehler (4.1) per definitionem verschwindet. Für $r > n$ kann die Lösung der Interpolationsaufgabe nicht mehr eindeutig sein.

Für die Ausgleichsrechnung ist deshalb nur der Fall $r < n$ interessant. Im Unterschied zur Interpolation verläuft die Ausgleichsfunktion dann wegen (4.1) nicht mehr durch die Funktionswerte der Stützstellen, sondern so, daß die Summe der quadratischen Abstände zu ihnen an den Stützstellen minimiert wird.

Anwendungen

Aufgrund von Modellannahmen oder eines Naturgesetzes erhält man in den Naturwissenschaften oft Funktionen, deren Parameter zunächst unbekannt sind. Man versucht, diese durch Messungen zu bestimmen. Um Beobachtungsfehlern Rechnung zu tragen, ist die Anzahl der Messungen dabei meistens größer als die Anzahl der Parameter und das auftretende Problem entspricht dem hier vorgestellten. Ähnliche Aufgabenstellungen treten bei der Auswertung von Meßdaten oder der Konstruktion von Maschinenteilen, Flug- oder Schiffskörpern auf, also immer, wenn eine Funktion gefunden werden soll, mit der man durch Messungen gewonnene Wertepaare approximieren will.

In VISU wird der Polynomausgleich behandelt, d.h. die Ansatzfunktionen haben die Gestalt

4 Ausgleichsrechnung

$$p_k = x^k \, , \quad k = 0, \ldots, r. \tag{4.2}$$

Der Fehler (4.1) wird minimal, wenn die partiellen Ableitungen nach den Parametern a_l, $l = 0, \ldots, r$, gleich Null werden.

$$0 = \frac{\partial}{\partial a_l} \sum_{j=0}^{n} \left(f_j - \sum_{k=0}^{r} a_k \, x_j^k \right)^2 = \sum_{j=0}^{n} \frac{\partial}{\partial a_l} \left(f_j - \sum_{k=0}^{r} a_k \, x_j^k \right)^2$$

$$= -2 \left(\sum_{j=0}^{n} \left(f_j - \sum_{k=0}^{r} a_k \, x_j^k \right) x_j^l \right) \quad , \quad l = 0, \ldots, r.$$

$$\Rightarrow \sum_{j=0}^{n} f_j \, x_j^l = \sum_{k=0}^{r} a_k \sum_{j=0}^{n} x_j^k \, x_j^l \quad , \quad l = 0, \ldots, r. \tag{4.3}$$

Die Gleichungen (4.3) bezeichnet man auch als *Normalgleichungen*. Man kann nachweisen, daß (4.1) genau dann minimal ist, wenn die a_k, $k = 0, \ldots, r$, den Normalgleichungen genügen. Da (4.3) eindeutig lösbar ist, ist damit auch die Lösung des Ausgleichsproblems eindeutig. Praktisch berechnet man die a_k tatsächlich über die Normalgleichungen.

4.1 Polynomausgleich

Programmabfragen mit Standardbeispiel

X-Intervallgrenzen:	*[0, 12]*		
Y-Intervallgrenzen:	*[0, 12]*		
Anzahl der Stützstellen:	6	*(3 - 15)*	
Angabe der Stützstellen:	$x_0 = 0,$	$x_1 = 3,$	$x_2 = 4,$
	$x_3 = 7,$	$x_4 = 8,$	$x_5 = 10$
	$y_0 = 1,$	$y_1 = 4,$	$y_2 = 5,$
	$y_3 = 6,$	$y_4 = 7,$	$y_5 = 10$
Grad des Ausgleichspolynoms:	2		
Auswertungen:	*300*	*(100 - 999)*.	

Der Grad des Ausgleichspolynoms darf höchstens gleich der Anzahl der Stützstellen sein, sonst ist das Problem nicht lösbar. Das Standardbeispiel beschreibt die Beziehung zwischen den Messungen der Zeit x und der Position y einer mit konstanter Geschwindigkeit v auf einer Ebene rollenden Kugel durch die Gleichung $y = a + v x$. Vgl. *Becker / Dreyer / Haacke / Nabert [1977]*.

Durch Nichteintragen der Intervallgrenzen kann auf beiden Achsen das Maximum und das Minimum der Eingabewerte als Begrenzung festgelegt werden.

Beispiel 4.1.1 Veränderung des Polynomgrades

Was geschieht, wenn man im Standardbeispiel den Grad des Ausgleichspolynoms immer weiter erhöht? Wäre das - unabhängig vom praktischen Problem - bei der Lage der Punkte sinnvoll?

Beispiel 4.1.2

Versuchen Sie, mittels Polynomausgleich die Funktion $f(x) = |x|, x \in [-2, 2]$, zu approximieren. Vergleichen Sie mit der Interpolation (*Beispiel 2.3.1*)!

Mit $x_0 = -2, x_1 = -1, x_2 = 0, x_3 = 1$ und $x_4 = 2$ lauten die Normalgleichungen

$5 a_0 + 0 a_1 + 10 a_2 = 6$

$0 a_0 + 10 a_1 + 0 a_2 = 0$

$10 a_0 + 0 a_1 + 34 a_2 = 18.$

Daraus errechnet sich das Ausgleichspolynom

$$p(x) = \frac{12}{35} + \frac{3}{7} x^2.$$

Bei *Niederdrenk /Yserentant [1987]* wird am Beispiel dieser Funktion auch eine Approximation mit einem anderen Fehlermaß vorgeführt.

Erläuterungen und Lösungen zu Kapitel 4

Beispiel 4.1.1: Je höher der Grad des Ausgleichspolynoms ist, desto mehr oszilliert es auch, was nicht unbedingt von Vorteil sein muß. Insbesondere außerhalb der beiden Randstützpunkte unterliegt der Funktionsverlauf starken Schwankungen, ein Phänomen, das wir schon von der Polynominterpolation kennen. Entsprechend nimmt die Fortpflanzung von Rundungsfehlern bei höhergradigen Polynomen immens zu. Hinzu kommt, daß die Normalgleichungen oft außerordentlich empfindlich gegen Rundungsfehlereinflüsse sind und daß Meßdaten in der Regel ohnehin schon Fehlern unterliegen. Eine Erhöhung des Polynomgrades muß also nicht immer unbedingt sinnvoll sein. Die Wahl des Polynomgrades sollte auch von der Erwartung der Meßkurve abhängig gemacht werden.

Beispiel 4.1.2: Die Approximationen durch das Ausgleichspolynom wie durch das Interpolationspolynom sind in diesem Fall völlig unzureichend und verbessern sich auch nicht bei Erhöhung des Polynomgrades.

Literatur zum 4. Kapitel

Becker / Dreyer / Haacke / Nabert [1977], Niederdrenk / Yserentant [1987].

5 Chaos bei Differenzengleichungen

5.0 Mathematische Einführung

Problemstellung

Behandelt werden Differenzengleichungen der Form

$$x^{(j+1)} = g(x^{(j)}) \quad , \quad j = 0, 1, 2, 3, \ldots \tag{5.1}$$

$x^{(j)} \in \mathbb{R}^n, j = 0, 1, 2, \ldots, \qquad g : \mathbb{R}^n \to \mathbb{R}^n$.

Um Aussagen über das Verhalten solcher Differenzengleichungen machen zu können, benötigen wir einige Definitionen und den Banachschen Fixpunktsatz:

Fixpunkte und Orbits

Zunächst bezeichnen wir die k-te Iteration des Startwertes $x^{(0)}$ mit $g^{(k)}(x^{(0)})$.

$x^* \in \mathbb{R}^n$ wird *Fixpunkt* der Differenzengleichung genannt, falls $x^* = g(x^*)$ gilt.

Ein Zyklus von p verschiedenen Punkten $x^{(j)} = g^{(j)}(x^{(0)})$, $j = 0, 1, \ldots, p - 1$, mit $g^{(p)}(x^{(0)}) = x^{(0)}$ heißt *periodischer Orbit der Ordnung p*.

Mitunter bezeichnet man die $x^{(j)}$, $j = 0, 1, \ldots, p - 1$, auch als *(zyklische) Fixpunkte p-ter Ordnung*.

Für sie gilt: $g^{(p)}(x^{(j)}) = x^{(j)}$, $j = 0, 1, \ldots, p-1$. \hfill (5.2)

Ein periodischer Orbit heißt *asymptotisch stabil*, falls die Iterationsfolge einer Differenzengleichung mit einem hinreichend nahen Startwert gegen eben diesen Orbit konvergiert. Andernfalls wird er instabil genannt.

Da ein Fixpunkt ein periodischer Orbit der Ordnung 1 ist, gibt es *stabile* und *instabile Fixpunkte*. Letztere heißen im Englischen "repeller".

Banachscher Fixpunktsatz

Mittels des Banachschen Fixpunktsatzes läßt sich die Konvergenz einer Folge $\{x^{(j)}\}_{j \in \mathbb{N}}$ gegen einen eindeutig bestimmten Fixpunkt x^* zeigen. Der Satz erfordert die folgenden Voraussetzungen:

i) Für alle $x \in Q := \{(x_1, x_2, \ldots, x_n) \mid a_1 \le x_1 \le b_1, a_2 \le x_2 \le b_2, \ldots, a_n \le x_n \le b_n\}$, $Q \subset \mathbb{R}^n$, sei der Vektor $g(x)$ definiert und wieder in Q enthalten, d. h.:

$$\forall x \in [a, b] \Rightarrow g(x) \in Q. \tag{5.3}$$

Diese Voraussetzung bedeutet, daß die Iteriertenfolge $x^{(j+1)} = g(x^{(j)})$ nicht aus Q herausläuft, wenn der Startvektor $x^{(0)}$ in Q gewählt wird.

5 Chaos bei Differenzengleichungen

ii) Es existiere eine Zahl q, $0 < q < 1$, mit

$$\| g(x) - g(y) \| \leq q \| x - y \| \quad \text{für alle } x, y \in Q \tag{5.4}$$

und einer Norm $\| \, \|$ aus dem $\mathbb{R}^n$. (Vgl. Kapitel 1).

Für den eindimensionalen Fall kann anstelle von Voraussetzung (5.4) auch formuliert werden:

Es gebe $q \in \mathbb{R}$, $0 < q < 1$, mit

$$| g'(x) | \leq q \quad \text{für alle } x \in [a, b], a, b \in \mathbb{R}, g \text{ stetig differenzierbar,} \tag{5.5}$$

denn mit dem Mittelwertsatz erhält man für $x, y \in [a, b]$:

$$| g(x) - g(y) | = | g'(\xi)(x - y) | \leq q | x - y | \quad \text{mit } \xi \in (x, y).$$

Analog kann für den mehrdimensionalen Fall gefordert werden, daß

$$\| J_g(x) \| \leq q \quad \text{für alle } x \in Q, \tag{5.6}$$

wobei $J_g(x)$ die Jacobi-Matrix von g ist, also

$$J_g(x) := \begin{pmatrix} \partial g_1(x_1, \ldots, x_n) / \partial x_1 & \cdots & \partial g_1(x_1, \ldots, x_n) / \partial x_n \\ \vdots & & \vdots \\ \partial g_n(x_1, \ldots, x_n) / \partial x_1 & \cdots & \partial g_n(x_1, \ldots, x_n) / \partial x_n \end{pmatrix} \tag{5.7}$$

und $(\| \, \|)$ eine der Normen (1.4) - (1.7).

Der *Banachsche Fixpunktsatz* lautet nun folgendermaßen:

Sind die Voraussetzungen (5.3) und (5.4) erfüllt, so konvergiert die Iterationsfolge $x^{(j+1)} = g(x^{(j)})$, $j = 0, 1, 2, \ldots$, für jeden Startwert $x^{(0)} \in Q$ gegen einen eindeutig bestimmten Fixpunkt x^*. Ferner gelten die folgenden Fehlerabschätzungen:

$$\| x^{(j)} - x^* \| \leq \frac{q^j}{1 - q} \| x^{(1)} - x^{(0)} \| \tag{5.8}$$

und

$$\| x^{(j)} - x^* \| \leq \frac{q}{1 - q} \| x^{(j)} - x^{(j-1)} \| . \tag{5.9}$$

(5.8) wird auch *a-priori-Fehlerabschätzung* und (5.9) *a-posteriori-Fehlerabschätzung* genannt

Seltsame Attraktoren und deterministisches Chaos

Falls Iterationspunkte einer Differenzengleichung von einer Punktmenge angezogen werden, die kein periodischer Orbit ist, und diese durchlaufen, nennt man diese Menge auch einen *Attraktor*. Man spricht von einem *seltsamen Attraktor*, falls die Attraktion in starkem Maße vom Startwert abhängig ist und eine Iterationsfolge mit geringfügig verändertem Startwert bereits in eine ganz andere Richtung verläuft. Iterationsfolgen können sich innerhalb des seltsamen Attraktors beliebig nahe kommen, doch sie konvergieren nicht gegeneinander.

Diese Formulierung ist zwar mathematisch etwas oberflächlich, doch gibt es keine einheitliche Definition, denn verschiedene Autoren versuchen, jeweils ihnen bekannte Beispiele miteinzuschließen. Noch uneinheitlicher wird der Begriff "*Chaos*" verwendet, seltsame Attraktoren werden aber in jedem Fall als chaotisch bezeichnet. Da solche Instabilitäten mit der Differenzengleichung deterministisch erzeugt werden, spricht man auch von *deterministischem Chaos*.

Eine ausführliche Diskussion der Begrifflichkeiten findet man z. B. bei *Schuster [1988]* oder bei *Kunick / Steeb [1986]*.

Metzler / Beau / Überla [1986] versuchen mit einer anschaulichen Modellvorstellung einen seltsamen Attraktor zu erklären. Sie vergleichen die Iterationsfolgen zweier Startwerte mit dem Bewegungsablauf von zwei Tischtennisbällen, die in den Strudel eines Sees geraten. Sie werden in die Tiefe gezogen, wieder hinaufgeschleudert und ständig neuen Turbulenzen unterworfen. Sie nähern sich gelegentlich einander, entfernen sich wieder, verlassen den Strudel aber nicht.

Der erste seltsamer Attraktor wurde übrigens von einem Meteorologen entdeckt. Der US-Amerikaner *Edward Lorenz [1970]* versuchte vor rund 25 Jahren mit einfachen mathematischen Gleichungen den Ablauf des Wettergeschehens zu simulieren und entdeckte schon bei einfachen Modellen die oben beschriebenen Turbulenzen.

Chaotische Bereiche oder periodische Orbits einer Differenzengleichung findet man grafisch durch Beobachtung der Iterationsfolge bei Veränderung des Startwertes. Natürlich ist bei der numerischen Berechnung der Iterationspunkte immer ein wenig Vorsicht geboten.

Durch die Variation der Parameter einer Differenzengleichung kann man feststellen, wann sich die Ordnung eines periodischen Orbits verändert oder ein periodischer Orbit "chaotisch" wird.

5 Chaos bei Differenzengleichungen

Die Eigenschaften von Differenzengleichungen lassen sich aus diesem Grunde in besonderem Maße experimentell mit Hilfe der Computergrafik erforschen. Chaotische Bereiche wurden schließlich erst mit Computern entdeckt und man spricht in diesem Zusammenhang schon von "experimenteller Mathematik".

Durch die grafische Darstellung chaotischer Bereiche oder seltsamer Attraktoren erhält man dann, wenn die Iterationspunkte nach bestimmten Kriterien verschieden gefärbt werden, sehr schöne Bilder, die bereits als Computer-Kunst bezeichnet werden. *Peitgen / Richter [1986]* haben solche Bilder schon auf verschiedenen Ausstellungen präsentiert und eine eindrucksvolle Auswahl in ihrem Buch veröffentlicht.

Chaotische Bereiche können auch mit anderen VISU-Programmen veranschaulicht werden. In den *Beispielen 6.7.3* und *6.7.4* kommen wir bei der Diskretisierung von Differentialgleichungen und in Abschnitt 7.2 für eindimensionale Differenzengleichungen auf sie zurück.

5.1 Zweidimensionale Differenzengleichungen

Veranschaulicht wird der Iterationsverlauf von zweidimensionalen Differenzengleichungen der Form

$x^{(j+1)} = g_1(x^{(j)}, y^{(j)})$,

$y^{(j+1)} = g_2(x^{(j)}, y^{(j)})$.

Ein Großteil der folgenden Beispiele ist aus Modellgleichungen entstanden. Der oft sehr spezielle Hintergrund wird nur in Einzelfällen angegeben, dafür gibt es einen Verweis auf die Quelle.

Mit diesem Programm soll es primär darum gehen, seltsame Attraktoren und zyklische Fixpunkte zu finden und zu veranschaulichen. Allein vom grafischen Eindruck her läßt sich die Existenz eines seltsamen Attraktors allerdings oft nur vermuten. Theoretisch könnte es sich genausogut um einen Orbit mit jeweils sehr hoher Ordnung handeln. In der Regel erhalten Sie schönere Bilder, wenn Sie auf die Verbindung der Iterationspunkte verzichten.

Programmabfragen mit Standardbeispiel

Differenzengleichung: $g_1(x^{(j)}, y^{(j)}) = 0.03x^{(j)} + 1.0\, y^{(j)}$
                                     $g_2(x^{(j)}, y^{(j)}) = -1.0\, x^{(j)} - 0.1\, y^{(j)}$
X-Intervallgrenzen: $[-12., 12.]$
Y-Intervallgrenzen: $[-10., 10.]$
Startwert: $x_0 = 6.$, $y_0 = 6.$
Anzahl der Iterationen: 500   (max. 2500)
Interationspunkte verbinden? *Nein*   (J / N).

Beispiel 5.1.1   Spiralen

Allgemein schreibt man die Differenzengleichungen des Standardbeispiels in folgender Form:

$x^{(j+1)} = a\, x^{(j)} + b\, y^{(j)}$, $y^{(j+1)} = c\, x^{(j)} + d\, y^{(j)}$.

Durch Experimente mit dem Parameter a erhalten Sie eine Reihe wunderschöner Spiralen und Sonnen.

a) $a = 0.01$, $b = 1.0$, $c = -1.0$, $d = -0.1$,
$x \in [-12., 12.]$, $y \in [-10., 10.]$, *Startwert: (6., 6), 2500 Iterationen, keine Verbindung der Iterationspunkte.*

b) $a = 0.14$, $b = 1.0$, $c = -1.0$, $d = -0.1$,
$x \in [-12., 12.], y \in [-10., 10.]$, *Startwert: (6., 6) , 500 Iterationen.*

5 Chaos bei Differenzengleichungen

Mit Verbindung der Iterationspunkte ergibt sich Bild 8.

Quelle: *Devaney [1985], S. 170; Guckenheimer / Holmes [1983], S. 19; Koçak [1986], S. 182.*

Beispiel 5.1.2   Henon-Attraktor

$$x^{(j+1)} = 1.0 + y^{(j)} - 1.4\, x^{(j)2} \, , \qquad y^{(j+1)} = 0.3\, x^{(j)},$$

$x \in [-1.3, 1.3.]$, $y \in [-0.5, 0.5]$ *Startwert: (0.2, 0.2) , 500 Iterationen, keine Verbindung der Iterationspunkte.*

Es entsteht ein seltsamer Attraktor. Er verschwindet bei Veränderung der Parameter der Differenzengleichung oder geringfügiger Änderung des Startwertes.

Quelle: *Devaney [1985], S. 210; Guckenheimer / Holmes [1983], S. 245; Thompson / Stewart [1986] , S. 183; Metzler / Beau / Überla [1983] .*

Beispiel 5.1.3   Diskretes Räuber-Beute-Modell

$$x^{(j+1)} = a\, x^{(j)} (1. - x^{(j)}) - x^{(j)}\, y^{(j)} \, , \qquad y^{(j+1)} = (1./b)\, x^{(j)}\, y^{(j)}.$$

Die Differenzengleichung ist ein Modell für die diskrete Populationsentwicklung von Räuber- und Beutetieren ($x^{(j)}$) und ($y^{(j)}$) zum Zeitpunkt j. Ohne die Räuber gilt für die Populationsentwicklung der Beutetiere die sogenannte logistische Gleichung (*Beispiel 7.2.7*). Die Anzahl der Räubernachkömmlinge ist proportional zur Anzahl der von diesem Räuber gefressenen Beutetiere.

Testen Sie die folgenden Parameterwerte:

a) $a = 2.5,$ $b = 0.31,$
$x \in [0.1, 0.7]$, $y \in [0.1, 1.0]$, *Startwert: (0.2, 0.2) , 500 Iterationen, mit und ohne Verbindung der Iterationspunkte.*

b) $a = 3.43,$ $b = 0.31,$
$x \in [0.1, 0.7]$, $y \in [0.1, 2.4]$, *Startwert: (0.2, 0.2) , 500 Iterationen.*

c) $a = 3.65,$ $b = 0.31,$
$x \in [0.1, 0.7]$, $y \in [0.1, 2.4]$, *Startwert: (0.2, 0.2) , 1000 Iterationen.*

Quelle: *Koçak [1986], S. 187, Maynard-Smith [1968], S. 27 ff. .*

Beispiel 5.1.4   Gingerman-Gleichung

$$x^{(j+1)} = 1. - y^{(j)} + |x^{(j)}| \, , \qquad y^{(j+1)} = x^{(j)},$$

$x \in [-4., 10.]$, $y \in [-4., 9.]$, *Startwerte:* a) (0.288, 0.2),   b) (4.333, 3.456), *1000 Iterationen, keine Verbindung der Punkte.*

Die Differenzengleichung besitzt einen Fixpunkt an der Stelle *(1, 1)*, des weiteren periodische Orbits. Experimentieren Sie mit unterschiedlichen Startwerten.

Quelle: *Koçak [1986], S. 190*.

Beispiel 5.1.5 Eiffel-Turm von Kassel

$x^{(j+1)} = x^{(j)} + a(x^{(j)} - x^{(j)2} + y^{(j)})$, $y^{(j+1)} = y^{(j)} + a(y^{(j)} - y^{(j)2} + x^{(j)})$,

$x \in [-1., 3.]$, $y \in [-1., 3.]$.

a) *0 < a < 0.5*
Die Differenzengleichung besitzt zwei Fixpunkte: einen bei *(0, 0)*, den anderen bei *(2, 2)*. Sind die Fixpunkte jeweils stabil oder instabil? Probieren Sie verschiedene Startwerte aus!

b) *0.5 < a < 0.6*
Was geschieht in diesem Bereich mit den beiden Fixpunkten aus 5.1.6.a)? Ergeben sich Veränderungen, wenn *a* langsam im Intervall *(0.5, 0.6)* verändert wird?

c) Testen Sie für *a > 0.6* verschiedene Parameterwerte, unter anderem $a_1 = 0.614$, $a_2 = 0.66$, $a_3 = 0.678$, $a_4 = 0.684$. Was geschieht? Woher kommt der Name "Eiffel-Turm"?

Quelle: *Beau / Metzler / Überla [1983]*.

Beispiel 5.1.6 2-Schritt-Adams-Bashforth-Verfahren

Zur Lösung des Anfangswertproblems

$y' = g(y)$, $y(o) = y_0$,

erhält man für das *2-Schritt-Adams-Bashforth-Verfahren* die Iterationsformel

$$y_{j+1} = y_j + \frac{h}{2}(3g(y_j) - g(y_{j-1})) \quad , j = 0, 1, 2, 3, \ldots$$

Das Adams-Bashforth-Verfahren zählt zu den sogenannten Mehrschrittverfahren. (Vergleichen Sie Kapitel 6).
Setzt man

$x^{(j)} = y_{j-1}$, $j = 1, 2, 3 \ldots$,

so ergibt sich das Differenzengleichungssystem

$x^{(j+1)} = y^{(j)}$,

$$y^{(j+1)} = y^{(j)} + \frac{h}{2}(3g(y^{(j)}) - g(x^{(j)})).$$

5 Chaos bei Differenzengleichungen

Betrachten Sie nun die Differentialgleichung

$$y' = g(y) = y(1-y)$$

und versuchen Sie, ihre Lösung approximativ mit dem 2-Schritt-Adams-Bashforth-Verfahren, also dem obigen System von zwei Differenzengleichungen, zu bestimmen.

Wählen Sie unter anderem die Schrittweiten $h_1 = 1.468$, $h_2 = 1.6$ und beispielsweise $x \in [0, 1.5]$, $y \in [0, 1.5]$ und den Startwert $(0.5, 0.5)$ bei 1000 Schritten. Erhält man periodische Orbits, Fixpunkte oder seltsame Attraktoren durch die Variation von h?

Quelle: *Peitgen / Richter [1984]*.

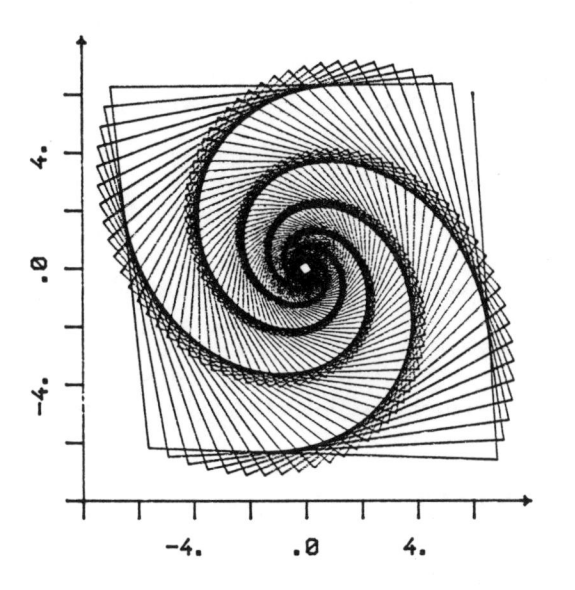

Bild 8

Erläuterungen und Lösungen zu Kapitel 5

Beispiel 5.1.2: Mit dem Startwert *(0.2, 0.4)* verschwindet der Hénon-Attraktor bereits.

Beispiel 5.1.3: Für $a=2.5$ erhalten Sie in der Grafik einen anziehenden Fixpunkt, $a = 3.43$ liefert einen periodischen Zyklus und $a = 3.65$ ergibt einen seltsamen Attraktor. Am schönsten sind die Bilder ohne Verbindung der Iterationspunkte.

Beispiel 5.1.5: a) Der Fixpunkt bei *(0., 0.)* ist instabil, was man herausfindet, indem man beliebig nahe an ihn herangeht. Der andere Fixpunkt ist hingegen stabil.

Mit dem Startwert *(1.2, 1.3)* und vielen anderen erhält man beispielsweise folgende weitere Ergebnisse:

b) Es entsteht ein stabiler periodischer Orbit der Ordnung 2.

c) Es entwickelt sich ein seltsamer Attraktor *(a = 0.648)*, dessen Entstehung über verschiedene Orbits durch Veränderung des Parameters zu beobachten ist. Der seltsame Attraktor enthält ein Gebilde, das dem Eiffel-Turm ähnlich sieht.

Für Startwerte mit gleicher X- und Y-Komponente gelten die Ergebnisse b.) und c.) nicht.

Beispiel 5.1.6: Mit $h = 1.6$ ist das Resultat ein seltsamer Attraktor, $h = 1.468$ liefert einen asymptotisch stabilen Orbit der Ordnung 8.

Literatur zum 5. Kapitel

Devaney [1985], Guckenheimer / Holmes [1983], Kunick / Steeb [1985], Schuster [1988], Thompson /Stewart [1986].

6 Anfangswertaufgaben

6.0 Mathematische Einführung

Problemstellung

Gesucht ist die Lösung $\mathbf{y}(x)$ des *Anfangswertproblems* für ein System *gewöhnlicher Differentialgleichungen 1. Ordnung*

$$\mathbf{y}'(x) = \mathbf{f}(x, \mathbf{y}(x)) \quad , \qquad \mathbf{y}(a) = \boldsymbol{\alpha}, \tag{6.1}$$

mit einer Funktion $\mathbf{f}(x, \mathbf{y})$, die für alle $x \in [a, b]$ und für alle $\mathbf{y} \in \mathbb{R}^n$ definiert sei, $\boldsymbol{\alpha} \in \mathbb{R}^n$.

Wir können (6.1) auch folgendermaßen schreiben:

$$\begin{aligned} y_1'(x) &= f_1(x, y_1(x), \ldots, y_n(x)) & y_1(a) &= \alpha_1 \\ &\vdots & &\vdots \\ y_n'(x) &= f_n(x, y_1(x), \ldots, y_n(x)) & y_n(a) &= \alpha_n \end{aligned} \tag{6.2}$$

Beispiel

Die skalare Differentialgleichung $y' = -2xy$ hat die allgemeine Lösung $y = k \, exp(-x^2)$. Für sich veränderndes k erhält man eine Lösungsschar, die mit *Programm 6.1* veranschaulicht werden kann. Legen wir eine Anfangswertbedingung für diese Differentialgleichung fest, beispielsweise $y(0) = 1$, so ist die Lösung $y(x) = exp(-x^2)$ eine spezielle Kurve aus der Lösungsschar.

Differentialgleichungen höherer Ordnung

Gewöhnliche Differentialgleichungen n-ter Ordnung können grundsätzlich in ein System (6.2) von n Differentialgleichungen erster Ordnung überführt werden.

Ist die Anfangswertaufgabe

$$y^{(n)}(x) = f(x, y(x), y'(x), \ldots, y^{(n-1)}(x)),$$

$$y(a) = \alpha_1, y'(a) = \alpha_2, \ldots, y^{(n-1)} = \alpha_n,$$

$x \in [a, b] \subset \mathbb{R}$, $\alpha_1, \alpha_2, \ldots, \alpha_n \in \mathbb{R}$, zu lösen, so setzen wir

$$y_1(x) := y(x), y_2(x) := y'(x), \ldots, y_n(x) = y^{(n-1)}(x),$$

und erhalten analog zu (6.2)

$$y_1'(x) = y_2(x) \qquad\qquad\qquad , y_1(a) = \alpha_1$$
$$y_2'(x) = y_3(x) \qquad\qquad\qquad , y_2(a) = \alpha_2$$
$$\vdots \qquad\qquad\qquad\qquad\qquad\qquad \vdots$$
$$y_{n-1}'(x) = y_n(x) \qquad\qquad\quad , y_{n-1}(a) = \alpha_{n-1}$$
$$y_n'(x) = f(x, y_1(x), y_2(x), \ldots, y_n(x)) \qquad , y_n(a) = \alpha_n$$

In den *Beispielen 6.6.3* und *6.6.4* wird diese Umformung an zwei verschiedenen Differentialgleichungen zweiter Ordnung vorgenommen.

Ein System von Differentialgleichungen kann sich natürlich auch direkt aus einer Anwendung ergeben. Besonders in der Biologie, der Chemie und in technischen Bereichen finden sich eine Fülle von solchen Beispielen.

Mit Ausnahme der Kapitel 6.6 und 6.7, in denen Systeme von zwei Differentialgleichungen behandelt werden, wird nur der eindimensionale Fall visualisiert, d. h. $y \in \mathbb{R}$.

Existenz und Eindeutigkeit

Die Lösbarkeit des Anfangswertproblems ist mit dem *Satz von Peano* bereits dadurch sichergestellt, daß die Funktionen $f_i(x, y_1, \ldots, y_n)$ stetig und beschränkt sind.

Die Eindeutigkeit der Lösung wird nach dem *Satz von Picard-Lindelöf* garantiert, wenn die Lipschitzbedingung erfüllt ist, d. h. wenn es ein $L > 0$ gibt, so daß für alle $x \in [a, b]$ und alle $\mathbf{y}, \mathbf{z} \in \mathbb{R}^n$ mit einer der Normen (1.4) - (1.7) gilt:

$$\|f(x, \mathbf{y}) - f(x, \mathbf{z})\| \leq L \, \|\mathbf{y} - \mathbf{z}\|.$$

Im allgemeinen weist man die Eindeutigkeit der Lösung nach, indem man zeigt, daß die f_i, $i = 1, \ldots, n$, stetige partielle Ableitungen nach den y_k besitzen und diese beschränkt sind, also

$$\left| \frac{\partial f_i}{\partial y_k}(x, y_1, \ldots, y_n) \right| \leq K \quad , \qquad\qquad i, k = 1, \ldots, n.$$

Sind die genannten Voraussetzungen für Eindeutigkeit und Existenz des Anfangswertproblems (6.1) erfüllt, so kann man zeigen, daß die Lösung $\mathbf{y}(x)$ stetig vom Anfangswert abhängt.

Die Beweise der Sätze von Peano und Picard-Lindelöf findet man z. B. bei *Collatz [1970]* oder *Heuser [1989]*.

6 Anfangswertaufgaben

Folgende Verfahren stehen in VISU zur Verfügung:

A. Euler-(Cauchy)-Verfahren

$$y_{j+1} = y_j + h f(x_j, y_j) \quad , j = 0, \ldots, N-1, \tag{6.3}$$

$y_0 = \alpha$.

B. Implizites Euler-Verfahren

$$y_{j+1} = y_j + h f(x_{j+1}, y_{j+1}) \quad , j = 0, \ldots, N-1, \tag{6.4}$$

$y_0 = \alpha$.

C. Verbessertes Euler-Verfahren

$$y_{j+1} = y_j + h f(x_j + \frac{h}{2}, y_j + \frac{h}{2} f(x_j, y_j)) \quad , \quad j = 0, \ldots, N-1, \tag{6.5}$$

$y_0 = \alpha$.

D. Trapezmethode (implizit)

$$y_{j+1} = y_j + \frac{h}{2} (f(x_j, y_j) + f(x_{j+1}, y_{j+1})) \quad , \quad j = 0, \ldots, N-1, \tag{6.6}$$

$y_0 = \alpha$.

Im Spezialfall einer skalaren linearen Differentialgleichung der Form

$$y'(x) = a(x) y(x) + b(x) \tag{6.7}$$

wird in *Programm 6.4* für die Berechnung von y_{j+1} eine explizite Rekursionsformel benutzt: Setzt man die rechte Seite der linearen Differentialgleichung in die Formel der Trapezmethode ein, so ergibt sich:

$$y_{j+1} = \frac{(2 + h a(x_j)) y_j + h(b(x_j) + b(x_{j+1}))}{2 - h a(x_{j+1})} \quad , j = 0, \ldots N-1, \tag{6.8}$$

$y_0 = \alpha$.

Die Trapezmethode wird in VISU nur für lineare Differentialgleichungen betrachtet.

E. Heun-Verfahren (Prädiktor-Korrektor-Methode)

$$y_{j+1} = y_j + \frac{h}{2} (f(x_j, y_j) + f(x_{j+1}, y_{j+1}^{(P)})) \quad , j = 0, \ldots, N-1,$$

$y_0 = \alpha$, mit

$$y_{j+1}^{(P)} = y_j + h\, f(x_j, y_j) \quad , \quad j = 1, \ldots, N-1\,. \tag{6.9}$$

Gegenüber der impliziten Trapezmethode wird beim Heun-Verfahren y_{j+1} durch einen Euler-Schritt approximiert.

F. Runge-Kutta-Verfahren

$$y_{j+1} = y_j + \frac{1}{6} h\, (k_{1,j} + 2 k_{2,j} + 2 k_{3,j} + k_{4,j})\,, \qquad j = 1, \ldots, N-1,$$

$y_0 = \alpha$, mit

$$k_{1,j} := f(x_j, y_j)\,,$$

$$k_{2,j} := f(x_j + \frac{h}{2}, y_j + \frac{1}{2} h\, k_{1,j})\,,$$

$$k_{3,j} := f(x_j + \frac{h}{2}, y_j + \frac{1}{2} h\, k_{2,j})\,,$$

$$k_{4,j} := f(x_j + h, y_j + h\, k_{3,j})\,. \tag{6.10}$$

G. Verfahren von Gragg-Bulirsch-Stoer (Zweischrittverfahren)

$$y_{j+1} = y_{j-1} + 2 h\, f(x_j, y_j)\,, \quad j = 1, \ldots, N-1, \tag{6.11}$$

$$y_0 = \alpha\,, \qquad y_1 = y_0 + h\, f(x_0, y_0)\,.$$

Dieses Verfahren wird durch die folgende Abschlußrechnung stabilisiert:

$$\tilde{y}_N = y_{N-2} + 2 h\, f(x_{N-1}, y_{N-1})$$

$$y_N = \frac{1}{2}\, (y_{N-1} + \tilde{y}_N + h\, f(x_N, \tilde{y}_N))\,. \tag{6.12}$$

Das Verfahren ist ein Spezialfall der *Methode von Nyström* und ist auch unter dem Namen *Mittelpunktregel* bekannt.

Sämtliche Verfahren werden mit einer festen Schrittweite h beschrieben. Die Anwendung von Schrittweitenstrategien ist in VISU nicht möglich.

Auf die Einbeziehung bekannterer Mehrschrittverfahren wie der von *Adams-Bashforth* oder *Adams-Moulton* wurde verzichtet. Ihre Vorteile liegen insbesondere darin, daß bei sehr kompliziertem Aufbau der rechten Seite einer Differentialgleichung gegenüber dem Runge-Kutta-Verfahren nicht so viele Funktionsauswertungen erforderlich sind. In VISU werden jedoch vorrangig einfache Beispiele behandelt und das Runge-Kutta-Verfahren liefert hinsichtlich der Lösungsapproximation vergleichsweise sehr gute Ergebnisse. (Vgl. *Bulirsch / Stoer [1978], Engeln-Müllges / Reutter [1987], Schmeißer / Schirrmeier [1976],*)

Einschrittverfahren

Mit Ausnahme des Gragg-Bulirsch-Stoer-Verfahrens schreibt man alle behandelten explizitenVerfahren allgemein in der Form:

$$y_{j+1} = y_j + h\, f_h(x_j, y_j)\ ,\quad j = 0,\ldots, N-1, \qquad (6.13)$$

$$y_0 = \alpha\ ,$$

wobei $f_h\,(x_j,\,y_j)$ die Verfahrensfunktion ist. Man spricht von Einschrittverfahren. Bei ihnen werden die folgenden Fehler unterschieden:

Lokaler Diskretisierungsfehler

$$d\,(x_j) := y\,(x_{j+1}) - y\,(x_j) - h\, f_h(x_j, y(x_j))\ ,\, j = 0,\ldots, N-1. \qquad (6.14)$$

Der lokale Diskretisierungsfehler beschreibt die Abweichung, mit welcher die exakte Lösung $y\,(x)$ die verwendete Integrationsvorschrift in einem Schritt nicht erfüllt.

Vielfach wird in der Literatur auch

$$\tau_h\,(x_j) := d\,(x_j)\,/\,h\ ,\quad j = 0,\ldots, N\text{-}1\ , \qquad (6.15)$$

als lokaler Diskretisierungsfehler bezeichnet. In diesem Fall handelt es sich um den Fehler pro Längeneinheit.

Der lokale Diskretisierungsfehler für das einzige behandelte Mehrschrittverfahren (die Methode von Gragg-Bulirsch-Stoer) lautet entsprechend:

$$d\,(x_j) = y\,(x_{j+2}) - y\,(x_j) - 2h\, f(x_{j+1}, y\,(x_{j+1})).$$

Globaler Diskretisierungsfehler

$$g\,(x_j) := y\,(x_j) - y_j \qquad (6.16)$$

Dieses ist der totale Fehler, den die Näherung y_j nach mehreren Schritten gegenüber der exakten Lösung $y\,(x_j)$ aufweist.

Konsistenz

Man spricht davon, daß das Einschrittverfahren (6.12) *konsistent* mit der Anfangswertaufgabe (6.1) ist, wenn gilt:

$$max\,\{\,\|\tau_h(\,x_j)\,\|\ |\ j = 0,\ldots, N\text{-}1\,\} \to 0,\ \text{für } h \to 0. \qquad (6.17)$$

Über die Qualität der Approximation der Lösung y (x) durch die Iteriertenfolge (6.13) gibt die Konsistenzordnung Auskunft. Ein Einschrittverfahren hat die Konsistenzordnung p, wenn gilt:

$$max \{ \| \iota_h(x_j) \| \mid j = 0, \ldots, N\text{-}1 \} \leq K h^p \tag{6.18}$$

mit einer von h unabhängigen Konstanten K.

Die Konsistenzordnung eines Verfahrens kann man durch Taylorentwicklung nachweisen. Für die in VISU behandelten Verfahren können wir die folgenden Konsistenzordnungen feststellen:

Euler-Cauchy-Verfahren: 1
Verbessertes Euler-Verfahren: 2
Heun-Verfahren: 2
Trapezmethode: 2
Runge-Kutta-Verfahren: 4
Gragg-Bulirsch-Stoer-Verfahren: 2.

Konvergenz

Falls f in einer Umgebung der Lösung y bzgl. der zweiten Komponente stetig differenzierbar ist, kann man für Einschrittverfahren Konvergenz derselben Ordnung wie Konsistenz beweisen, d. h.

$$max \{ \| \mathbf{y}(x_j) - \mathbf{y}_j \| \mid j = 0, \ldots, N\text{-}1 \} \leq C h^p \tag{6.19}$$

mit einer Konstanten C.

6 Anfangswertaufgaben

6.1 Lösungsschar einer Differentialgleichung

Ist die allgemeine Lösung einer Differentialgleichung bekannt, lassen sich mit diesem Programm mehrere Kurven der Lösungsschar zeichnen. Die allgemeine Lösung muß mit einer Konstanten k eingegeben werden.

Beispiel: $y' = sin(x)$
Allgemeine Lösung: $y = -cos(x) + k$.

Programmabfragen mit Standardbeispiel

Allgemeine Lösung:	$y(k, x) = (x + k) \cdot exp(-sin(x))$	
X-Intervallgrenzen:	*[-10, 20]*	
Y-Intervallgrenzen:	*[-50, 75]*	
K-Intervallgrenzen:	*[-10, 10]*	
Anzahl der Lösungskurven:	*20*	*(2 - 20)*
Auswertungen:	*100*	*(100 - 999)*.

Die allgemeine Lösung im Standardbeispiel gehört zur Differentialgleichung $y' = e^{-sin(x)} - y\, cos(x)$.

Das angegebene K-Intervall wird für die gewünschten Lösungskurven äquidistant aufgeteilt.

Beispiel 6.1.1 Knotenpunkt

$y' = (x + y)/x$, $y = x\, ln\, |x| + kx$,

$x \in [-10, 10]$, $y \in [-10, 10]$, $k \in [-10, 10]$, 20 Kurven.

Beispiel 6.1.2 Sattelpunkt

$y' = -y/x$, $y = k/x$,

$x \in [-10, 10]$, $y \in [-10, 10]$, $k \in [-10, 10]$, 20 Kurven.

Beispiel 6.1.3 Wirbelpunkt

$y' = -x/y$, $y = (k - x^2)^{1/2}$,

$x \in [-10, 10]$, $y \in [0, 10]$, $k \in [0, 200]$, 20 Kurven.

Die Kurvenschar besteht offenbar aus Halbkreisen vom jeweiligen Radius $\sqrt{c}$. Ob in der Grafik Halbkreise und nicht etwa Halbellipsen gezeichnet werden, hängt vom Maßstab ab. Falls die Halbellipsen oder -kreise an ihren Enden nicht komplett gezeichnet werden, kann durch eine höhere Anzahl der Auswertungen Abhilfe geschaffen werden.

Beispiel 6.1.4 Stern

$y' = y/x$, $y = kx$,

$x \in [-10, 10]$, $y \in [-10, 10]$, $k \in [-3, 3]$, 20 Kurven.

Beispiel 6.1.5 Bernoulli-Differentialgleichung

$y' = y + xy^2$, $y(x) = (1 - x + k e^{-x})^{-1}$,
$x \in [-3, 3]$, $y \in [-5, 5]$, $k \in [-4, 4]$, 20 Kurven.

Man erhält das folgende Bild:

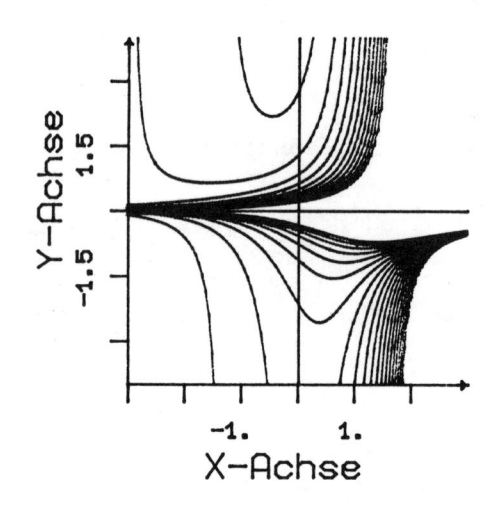

Bild 9

6 Anfangswertaufgaben

6.2 Funktionsweise verschiedener Verfahren

Eine Reihe wichtiger Verfahren werden in ihrer Funktionsweise veranschaulicht. Auf Wunsch wird der jeweilige lokale oder globale Diskretisierungsfehler gezeigt.

Programmabfragen mit Standardbeispiel

Differentialgleichung:	$y'(x, y) = y$	
X-Intervallgrenzen:	$[0., 2.]$	
Y-Intervallgrenzen:	$[1., 5.]$	
Anfangswert (bezogen auf die X-Untergrenze):	1	
Lösung bekannt?	Ja	$(Ja/Nein)$
Allgemeine Lösung:	$y(x, k) = k \cdot exp(x)$	
Allgemeine Lösung (nach k aufgelöst):	$k(x, y) = y / exp(x)$	
Anzahl der Schritte:	3	$(2 - 5)$
Verfahren:	$Euler\text{-}Cauchy$	(Euler-Cauchy / verbessertes Euler / Runge-Kutta / Gragg-Bulirsch-Stoer)
Art der Darstellung:	$Funktionsweise$	(Funktionsweise / Fehlerdarstellung)
Anhalten nach jedem Schritt:	$Nein$	$(Ja/Nein)$
Auswertungen:	100	$(100 - 500)$.

Die Untergrenze des X-Intervalls ist stets der zum Anfangswert gehörige Abszissenwert. Im Standardbeispiel ist damit $y(0) = 1$.

Falls die allgemeine Lösung der Differentialgleichung bekannt ist, muß sie mit einer Konstanten k angegeben werden. Die Lösungsgleichung ist nach k aufzulösen, denn der jeweilige Wert $k(x, y)$ wird für die Berechnung der Lösungskurve durch den Iterationspunkt $(x, y(x))$ benötigt. Würde der Benutzer diese Auflösung nicht vornehmen, so müßte vom Programm jeweils eine nichtlineare Gleichung gelöst werden, was zusätzliche numerische Probleme mit sich brächte und deswegen vermieden wird. Werden die Y-Intervallgrenzen unbestimmt gelassen, so wird der Zeichenausschnitt durch den minimalen und maximalen Funktionswert der Näherungslösung bestimmt.

Die Schrittweite h eines Verfahrens berechnet sich als Quotient aus der Länge des X-Intervalls und der Anzahl der Schritte. Nach jedem Schritt besteht die Möglichkeit, die Ausführung des Grafikprogramms anzuhalten, falls dies auf der Eingabeseite entsprechend gewünscht wird. Dadurch kann der Betrachter den Aufbau der Zeichnung und die Funktionsweise des Verfahrens sukzessive studieren. Für das Veranschaulichen der Funktionsweise eines Verfahrens wird das Anhalten in jedem Schritt empfohlen. Aus der Lösungsschar der Differentialgleichung werden diejenigen Kurven gezeichnet, die für die jeweilige Iteration zur Berechnung benötigt werden.

Es wird dringend davon abgeraten, mehr als zwei oder maximal drei Schritte zu veranschaulichen, da die Zeichnung sonst zu unübersichtlich würde. Um das Programm erfolgreich zur Visualisierung einzusetzen, ist es außerdem notwendig, nur solche Differentialgleichungen auszuwählen, deren Lösung bekannt ist und angegeben werden kann. Anderenfalls werden keine Kurven aus der Lösungsschar gezeichnet und die Funktionsweise der Verfahren bleibt unverständlich.

In den Grafiken wird die Lösungsschar der Differentialgleichung standardmäßig weiß gezeichnet, die Lösungskurve der Anfangswertaufgabe violett und die Näherungen sind rot.

Beispiel 6.2.1 Funktionsweise des Euler-Cauchy-Verfahrens

$y' = x + y$, $y(0) = 0$, $y = k \cdot exp(x) - x - 1$,

$k = (y + x + 1) / exp(x)$, $x \in [0, 1]$, $y \in [-0.1, 0.5]$, $h = 0.25$ (4 Schritte).

Das Euler-Cauchy-Verfahren (6.3) berechnet in jedem Schritt die Tangente (blau gezeichnet) an diejenige Kurve aus der Lösungsschar der Differentialgleichung, die durch den Iterationspunkt (x_j, y_j) läuft.

Beispiel 6.2.2 Funktionsweise des verbesserten Euler-Verfahrens

$y' = -xy$, $y(0) = 1$, $y = k \cdot exp(-x^2/2)$,

$k = y / exp(-x^2/2)$, $x \in [0, 1]$, $y \in [0.6, 1.1]$, 2 Schritte.

In *Beispiel 6.2.1.* haben wir gesehen, daß die Näherungen des Euler-Cauchy-Verfahrens (6.5) keine besonders gute Approximation der Lösungskurve $y(x)$ liefern.

Das verbesserte Euler-Verfahren beruht auf der Idee, daß die mittlere Steigung der exakten Lösung y im Intervall $[x_j, x_{j+1}]$, $j = 0, . , N - 1$, besser durch $y'(x_j + h/2)$ approximiert wird als durch $y'(x_j)$, wie dies beim Euler-Cauchy-Verfahren der Fall ist. Nun ist aber

$y'(x_j + h/2) = f(x_j + h/2, y(x_j + h/2)) \approx f(x_j + h/2, y_j + h/2\ f(x_j, y_j))$.

Daher berechnet man $y(x_j + h/2)$ wird mit Hilfe des einfachen Euler-Cauchy-Verfahrens.

Der grafische Ablauf ist folgender: Wir betrachten im Punkte $(x_0, y(x_0))$ die Tangente an die violette Lösungskurve, schreiten auf dieser Tangente fort, bis auf der Abszisse der Wert $x_0 + h/2$ und in der X-Y-Ebene entsprechend der Punkt $(x_0 + h/2, y_0 + h/2\ f(x_0, y(x_0))$ erreicht ist. Damit haben wir das Euler-

6 Anfangswertaufgaben

Cauchy-Verfahren mit der Schrittweite $h/2$ angewendet. Wir legen nun eine Tangente an die durch diesen Punkt gehende Kurve der Lösungsschar und verschieben sie so, daß sie den Startpunkt (x_0, y_0) passiert. y_1 ist der Funktionswert dieser verschobenen Tangente an der Stelle $x_0 + h$. Damit ist der erste Schritt beendet und wir können dieselbe Prozedur im Punkt (x_1, y_1) fortsetzen.

Die Tangenten sind jeweils blau eingezeichnet, der "Euler-Schritt" mit der Schrittweite $h/2$ ist grün und die Näherungslösung rot. Die grüne Farbe überschreibt die blaue.

Beispiel 6.2.3 Funktionsweise des Runge-Kutta-Verfahrens

$y' = -2\,x\,y^2$, $\quad y(-0.5) = 0.8$, $\quad y = 1/(k + x^2)$,

$k = 1/y - x^2$, $\quad x \in [-0.5, 0.5]$, $y \in [0.7, 1.1.]$, 2 Schritte.

Die Steigung der zu bildenden Näherungsgeraden des Runge-Kutta-Verfahrens (6.10), die durch die Punkte (x_j, y_j) und $(x_j + h, y_{j+1})$ gehen soll, ist eine Mittelung aus der Steigung der Euler-Cauchy-Tangente mit der Schrittweite $h/2$, der Tangente des verbesserten Euler-Verfahrens, derjenigen, die sich aus nochmaliger Anwendung des verbesserten Euler-Verfahrens ergibt und schließlich der Tangente der Lösungskurve in dem Punkt, durch den die zuletzt genannte Gerade an der Stelle $x_j + h$ geht. Die einzelnen Tangentenstücke sind blau, die vier Näherungsgeraden im Punkte (x_j, y_j), aus denen gemittelt wird, wurden grün gefärbt, und die Näherungslösung ist wieder rot.

Beispiel 6.2.4 Funktionsweise des Gragg-Bulirsch-Stoer-Verfahrens

$y' = y \quad y(0) = 1, \quad y = k\,exp(x)$

$x \in [0, 4]$, 3 Schritte, $y \in [0, 30]$.

y_1 wird beim Gragg-Bulirsch-Stoer-Verfahren (6.11) mit Hilfe des Euler-Verfahrens berechnet. Die Tangente an die Kurve aus der Lösungsschar im Punkt $(x_0 + h, y_1)$ wird parallel zum Punkt (x_0, y_0) verschoben. y_2 ist dann der Funktionswert dieser neuen Geraden an der Stelle $x_0 + 2\,h$. y_3 ist entsprechend der Funktionswert der parallel zur Tangente im Punkt (x_2, y_2) laufenden Geraden durch (x_1, y_1) zum Abszissenwert $x_0 + 3h$.

Die Tangenten an die jeweilige Lösungskurve in den Punkten (x_j, y_j) sind blau, die Verbindungsgeraden zwischen (x_j, y_j) und (x_{j+2}, y_{j+2}) grün gefärbt.

Beachten Sie, daß der letzte Schritt von der Abschlußbedingung (6.12) beeinflußt wird!

Studieren Sie die Diskretisierungsfehler der folgenden Beispiele und beantworten Sie die dazu gestellten Fragen.

Beispiel 6.2.5 Diskretisierungsfehler

a) $y' = exp(x)$, $y(o) = 1$,

   $x \in [0, 6]$, Y-Intervallgrenzen unbestimmt, 3 Schritte, Euler-Cauchy-Verfahren.

b) $y' = cos(x)$ $y(o) = 1$,

   $x \in [0, 10], y \in [0, 6.]$, 3 Schritte, Euler-Cauchy-Verfahren.

c) $y' = y$, $y(o) = 1$,

   $x \in [0, 3]$, Y-Intervallgrenzen unbestimmt, 3 Schritte, Euler-Cauchy-Verfahren.

Man erkennt den lokalen Diskretisierungsfehler (6.14) als denjenigen, der sich aus der Differenz zwischen der exakten Lösung $y(x)$ und der verwendeten Integrationsvorschrift in jedem einzelnen Schritt ergibt. Der globale Fehler (6.16) ist der Gesamtfehler.

In welchem Fall ist der globale Diskretisierungsfehler gleich der Summe der lokalen Fehler? Ist es möglich, daß der lokale Fehler betragsmäßig größer ist als der globale? Kann stets aus der Größe der einzelnen Diskretisierungsfehler auf das Approximationsverhalten der Näherungslösung geschlossen werden?

6 Anfangswertaufgaben

6.3 Stabilität von Einschrittverfahren

In diesem Programm wird ein Beispiel mit einer bereits vogegebenen Anfangswertaufgabe dargestellt. Gezeichnet werden die Näherungen des Euler-Cauchy-Verfahrens für das skalare Anfangswertproblem

$y'(x) = \lambda y(x)$, $y(0) = 1$, $\lambda < 0$.

Die allgemeine Lösung ist

$y(x) = k\,exp(\lambda x)$.

Der Faktor k entscheidet darüber, ob eine Kurve aus der Lösungsschar exponentiell abfällt oder ansteigt. Für das Näherungsverfahren können Probleme entstehen, wenn die Iterationen in diesen Wechselbereich geraten.

Für ein festes $\lambda \in \mathbb{R}$ kann getestet werden, bei welchen Schrittweiten h das qualitative Verhalten der Näherungslösungen dem der Lösung entspricht. Man spricht in diesem Zusammenhang auch von einem *Stabilitätsbereich* des Verfahrens, dessen genaue Definition in den Erläuterungen am Ende dieses Kapitels nachzulesen ist. Die hier behandelte Anfangswertaufgabe wird allgemein als Testbeispiel für die Berechnung von Stabilitätsbereichen eines Verfahrens herangezogen. Die Ergebnisse bleiben auch für nichtlineare Differentialgleichungen gültig, weil diese lokal durch eine lineare Differentialgleichung approximiert werden können.

Programmabfragen mit Standardbeispiel

$\lambda = -4$
Obere Grenze des X-Intervalls: 4
Y-Intervallgrenzen: *[-1, 1]*
Anzahl der Schritte: 8 (2 - 999)
Verfahren: *Euler-Cauchy* (Euler-Cauchy / Runge-Kutta/ Implizites Euler)
Lösungen zeichnen: *Ja* (J / N).

Zu Vergleichszwecken wurden das Runge-Kutta- und das implizite Euler-Verfahren mit in das Programm aufgenommen. Die Schrittweite ist wieder der Quotient aus der Länge des X-Intervalls und der Anzahl der Schritte.

Beispiel 6.3.1 Experimente mit dem Euler-Cauchy-Verfahren

$\lambda = -2$, $x \in [0, 10]$, *y-Grenzen unbestimmt, Euler-Cauchy-Verfahren.*

Experimentieren Sie mit der Schrittweite h. Bei welchen Schrittweiten verhalten sich die Näherungskurven in ihrem Verlauf qualitativ wie die exakte Lösung und bei welcher Schrittweite wird das Verfahren instabil?

Bei Anwendung des Euler-Cauchy-Verfahrens kann man in der Grafik aufgrund der für jeden Schritt eingezeichneten Lösungskurven genau erkennen, warum das Verfahren mit zu großen Schrittweiten Näherungen liefert, die mit der Lösung nichts mehr zu tun haben. Zur Veranschaulichung wird daher stets das Euler-Cauchy-Verfahren empfohlen.

Beispiel 6.3.2 Experimente mit dem Runge-Kutta-Verfahren

Ziehen Sie dieselben Werte wie in *Beispiel 6.3.1* heran, benutzen Sie aber das Runge-Kutta-Verfahren. Gibt es ebenfalls eine Grenze für die Schrittweite, von der an das Verfahren unbrauchbar wird? Wie groß ist der Stabilitätsbereich des Runge-Kutta-Verfahrens im Vergleich zu dem des Euler--Verfahrens?

Beispiel 6.3.3 Experimente mit dem impliziten Euler-Verfahren

Benutzen Sie mit wiederum denselben Werten wie in den vorangegangenen Beispielen das implizite Euler-Verfahren (6.4). Warum unterscheidet sich das Resultat von dem aus *Beispiel 6.3.1*?

Versuchen Sie auch, die grafischen Ergebnisse analytisch zu untermauern!

In den *Abschnitten 6.4* und *6.6* werden weitere Beispiele behandelt, bei denen die Stabilitätseigenschaften eines Verfahrens wichtig sind. *Beispiel 6.6.2* veranschaulicht ein System von Differentialgleichungen, deren Lösungsfunktionen sich aus stark verschieden rasch exponentiell abklingenden Anteilen zusammensetzen. Solche Systeme werden *steif* genannt. Das in diesem Abschnitt konstatierte Stabilitätsverhalten der Verfahren ist für die Integration steifer Differentialgleichungen, die in zahlreichen Anwendungen auftreten, entscheidend. So muß bei allen expliziten Verfahren die Schrittweite h unterhalb eines bestimmten Schwellenwertes liegen. Dieser Schwellenwert kann so klein sein, daß aufgrund der Anhäufung von Rundungsfehlern eine zufriedenstellende Näherungsberechnung mit diesen Verfahren unmöglich ist. *Beispiel 6.4.2* deutet an, wie die Anhäufung von Rundungsfehlern auch die theoretisch vorliegende Konvergenz eines Verfahrens zerstören kann.

6 Anfangswertaufgaben

6.4 Vergleich der Verfahren

Die in VISU behandelten Verfahren können mit unterschiedlichen Schrittweiten verglichen werden.

Programmabfragen mit Standardbeispiel

Differentialgleichung:	$y'(x,y) = exp(-sin(x)) - y \cdot cos(x)$	
X-Intervallgrenzen:	*[0, 20]*	
Y-Intervallgrenzen:	*[0, 60]* -	
Anfangswert:	*0.5*	
Lösung bekannt?	*Ja*	*(J / N)*
Lösung:	$y(x) = (x + 0.5) exp(-sin(x))$	

Verfahren:	Schritte:	(2 - 1000)
1. Euler-Cauchy	25	
2. Verb. Euler	25	
3. Heun-Verfahren	0	
4. Trapezmethode	0	
5. Runge-Kutta	25	
6. Gragg-Bulirsch-Stoer	0	
Auswertungen:	*300*	*(100 - 500)*.

Der Anfangswert und die Anzahl der Schritte beziehen sich stets auf das gewählte X-Intervall. In diesem Programm muß die Lösung der Anfangswertaufgabe und nicht die allgemeine Lösung der Differentialgleichung angegeben werden, denn aus der Lösungsschar wird nur die exakte Lösung gezeichnet.

Falls die implizite Trapez-Methode gewählt wird, so muß die Differentialgleichung linear sein. Ist dies der Fall, werden die Funktionen $a(x)$ und $b(x)$ der Gleichung (6.7) abgefragt, anderenfalls wird nicht gezeichnet.

Es dürfen maximal fünf Kurven gezeichnet werden.

Beispiel 6.4.1 Vergleich aller behandelten Verfahren (außer den impliziten)

$y' = 0.5 \sin(2x) - y \cos(x)$, $y(0) = 4$, $y = \sin(x) - 1 + 5 e^{-\sin(x)}$,

$x \in [0, 10]$, $y \in [0, 15]$, $h = 0.5$.

Erwartungsgemäß schneidet das Runge-Kutta-Verfahren mit Abstand am besten ab. Es zeigt sich, daß das Euler-Cauchy-Verfahren so gut wie gar nicht zu gebrauchen ist. Wie groß muß beim Euler-Cauchy-Verfahren die Schrittweite sein, damit annähernd so gute Ergebnisse vorliegen wie beim Runge-Kutta-Verfahren?

Beispiel 6.4.2 Vorzüge des Euler-Verfahrens

$y' = (x + y)/x$, $y(-1) = 1$, $y = x \ln(|x|) - x$,

$x \in [-1, 1]$, $y \in [-2, 2]$, 25 Schritte, Euler- und Runge-Kutta-Verfahren.

Wie kann man sich die Kuriosität erklären, daß das Euler-Verfahren bei gleicher Schrittweite eine bessere Approximation der Lösung liefert als das Runge-Kutta-Verfahren?

Beispiel 6.4.3 Fehlerentwicklung

$y' = -200 \, x \, y^2$, $y(-1) = 0.00980$ $(= 1/101)$, $y = 1/(1 + 100 \, x^2)$,

$x \in [-1, 0]$, Y-Intervallgrenzen unbestimmt, Runge-Kutta-Verfahren mit 50, 100 und 1000 Schritten.

Es soll untersucht werden, wie gut die Näherungen die Lösung $y(0) = 1$ am rechten Intervallende approximieren. Wenn Sie die Näherung ohne die exakte Lösung mit unbestimmten Y-Intervallgrenzen zeichnen, können Sie den Näherungswert des Runge-Kutta-Verfahrens an der Stelle 0 direkt als Obergrenze des Y-Intervalls vom Programm ausgeben lassen. Zeichnen Sie deshalb nur einmal zum Vergleich die exakte Lösung. Wie ist die Approximation bei Erhöhung der Schrittweite zu beurteilen?

Quelle: *Bulirsch / Stoer [1978]*, S. 121.

Beispiel 6.4.4 Instabilität von Einschrittverfahren (I)

$y' = 100 \, (\sin(x) - y)$, $y(0) = 0$,

$y(x) = (\sin(x) - 0.01 \cos(x) + 0.01 \exp(-100 \, x))/1.0001$.

$x \in [0, 10]$, $y \in [-3, 3]$, Runge-Kutta-Verfahren mit 350, 400 Schritten, Trapezmethode mit 30 Schritten.

Diskutieren Sie die Ergebnisse. Zeichnen Sie die Methoden bei instabilem Verhalten nur einzeln.

Quelle: *Björck / Dahlquist [1972]*, S. 254.

Beispiel 6.4.5 Instabilität von Einschrittverfahren (II)

$y' = -y^{12/11} \cdot \exp(x/11)$, $y(0) = 1$, $y(x) = \exp(-x)$,

Euler-Cauchy-Verfahren mit unterschiedlichen Schrittweiten, Y-Intervallgrenzen unbestimmt.

Vergleichen Sie die Ergebnisse mit denen aus *Programm 6.3*!

Quelle: *Grigorieff [1972]*, S. 93.

6 Anfangswertaufgaben

Beispiel 6.4.6 Inhärente Instabilität einer Differentialgleichung

$$y' = 10\left(y - \frac{x^2}{1+x^2}\right) + \frac{2x}{(1+x^2)^2}, \quad y(0) = 0,$$

$$y(x) = \frac{x^2}{1+x^2},$$

$x \in [0,3]$, $y \in [-2., 2.]$, *Runge-Kutta-Verfahren, 100, 500 und 1000 Schritte.*

Inhärent instabil nennt man solche Differentialgleichungen, deren Lösungen in hohem Maße von kleinen Änderungen des Anfangswertes abhängen, bei ihnen werden Rundungsfehler besonders stark fortgepflanzt.

Begründen Sie die schlechte Approximation durch das Runge-Kutta-Verfahren und berücksichtigen Sie dazu *Beispiel 6.5.1*. Was ist bei einer Verkleinerung der Schrittweite festzustellen? Wie gut ist die Approximation der impliziten Trapezmethode?

Quelle: *Grigorieff [1972]*, S. 91, *Schwarz [1986]*, S.402.

6.5 Abhängigkeit der Lösung von den Anfangswerten

Mit dem Euler-Cauchy oder Runge-Kutta-Verfahren berechnete Näherungslösungen können zu verschiedenen Anfangswerten gezeichnet werden. Damit ist es möglich, einen Teil der Lösungsschar einer Differentialgleichung näherungsweise zu veranschaulichen.

Programmabfragen mit Standardbeispiel

Differentialgleichung:	$y'(x,y) = y/x$	
X-Intervallgrenzen:	*[1., 10.]*	
Y-Intervallgrenzen:	*[1., 10.]*	
Anzahl der Anfangswerte:	*10*	*(1-15)*
Angabe der Anfangswerte:	*1.0, 0.9, 0.8, 0.7, 0.6, 0.5, 0.4, 0.3, 0.2, 0.1*	
Verfahren:	*Runge-Kutta*	*(Euler-Cauchy / Runge-Kutta)*
Schritte:	*100*	*(max. 500)*
Lösung bekannt:	*Ja*	*(J/N)*
Allgemeine Lösung:	$y(x,k) = k \cdot x$	
Allgemeine Lösung (nach k aufgelöst):	$k(x,y) = y/x.$	
Auswertungen:	*100*	*(100 - 300).*

Sämtliche Anfangswerte beziehen sich wieder auf die Untergrenze des X-Intervalls.

Beispiel 6.5.1 Inhärente Instabilität

$$y' = 10\left(y - \frac{x^2}{1+x^2}\right) + \frac{2x}{(1+x^2)^2},$$

$$y = k\ \exp(10\,x) + \frac{x^2}{1+x^2},$$

$x \in [0, 2.2]$, $y \in [-100, 100]$, 3 Anfangswerte: 0., 0.01, -0.01., Runge-Kutta-Verfahren, $h = 0.01$.

Diskutieren Sie, warum das Runge-Kutta-Verfahren mit dem Startwert $y(0) = 0$ so schlechte Ergebnisse liefert. Um mehr von der Kurvenschar zu sehen, empfiehlt es sich, *Programm 6.1* zu benutzen und beispielsweise *20 Kurven* im *K-Intervall [-0.02, 0.02]* zu zeichnen. Vgl. *Beispiel 6.4.6.*

Beispiel 6.5.2 Fehlerabhängigkeit vom Anfangswert

$y' = x\,y^2$, $y = -2/(x^2 + k),$

6 Anfangswertaufgaben 117

$x \in [0, 1]$, $y \in [0, 10.]$, 4 Anfangswerte: 0.1, 0.5, 1., 1.98, Euler-Cauchy-Verfahren, $h = 0.02$.

In welcher Weise hängt der globale Fehler vom Anfangswert ab?

Beispiel 6.5.3 Idee von der Lösungsschar

$y' = -x / y$

$x \in [-10, 10]$, 10 Anfangswerte: ± 1, ± 2, ± 3, ± 4, ± 5, Runge-Kutta-Verfahren.

Ist die Lösungsschar einer Differentialgleichung nicht bekannt, so kann man durch die Darstellung der Runge-Kutta-Lösung einen ersten Eindruck von ihrem Aussehen bekommen. Wie in diversen Beispielen zuvor deutlich geworden sein dürfte, ist wegen der oftmaligen Ungenauigkeit der Näherungen allerdings größte Vorsicht geboten. Bei der einfachen Differentialgleichung in diesem Beispiel erhalten wir jedoch zufriedenstellende Ergebnisse. Vergleichen Sie mit *Beispiel 6.1.3*.

Ein vergleichbares Beispiel ist:

Beispiel 6.5.4

$y' = -2 y / x$,

$x \in [-10., 0.]$, $y \in [-2., 2.]$, 15 Anfangswerte, z. B.: 0., ± 0.1, ± 0.2, ± 0.3, ± 0.4, ± 0.5, ± 0.6, ± 0.7, Runge-Kutta-Verfahren, 500 Schritte.

Die Grafik hat folgendes Aussehen:

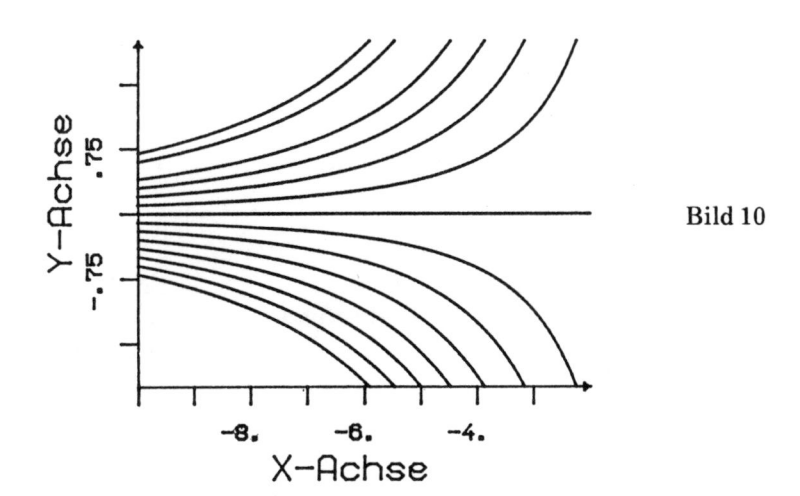

Bild 10

6.6 Zweidimensionale Anfangswertprobleme

Aufgrund der Tatsache, daß gerade im technischen Bereich Systeme von Differentialgleichungen eine große Rolle spielen, sind als einfacher Fall zweidimensionale Anfangswertprobleme in die Programmsammlung aufgenommen worden.

Wir betrachten also als zweidimensionale Variante von (6.2) die Anfangswertaufgabe

$u'(x) = f_1(x, u, v), \quad u(a) = u_0,$

$v'(x) = f_2(x, u, v), \quad v(a) = v_0,$

mit $u: \mathbb{R} \to \mathbb{R}$, $u: \mathbb{R} \to \mathbb{R}$, $u_0 \in \mathbb{R}$, $v_0 \in \mathbb{R}$.

Besitzt diese Anfangswertaufgabe eine eindeutige Lösung, so kann man diese Lösung $(u(x), v(x))$ als Kurve in der U-V-Ebene darstellen und nennt sie dann *Phasenkurve* oder *Trajektorie* des Differentialgleichungssystems durch den Punkt (u_0, v_0). Durch jeden Punkt der U-V-Ebene läuft genau eine Trajektorie.

Gibt es einen Punkt (u_0, v_0) in der Ebene mit

$f_1(a, u_0, v_0) = f_2(a, u_0, v_0) = 0,$

so ist dies offenbar eine Lösung des obigen Systems, die einzige, welche die Werte u_0, und v_0 annimmt. Die eindeutig bestimmte Trajektorie schrumpft auf einen Punkt (u_0, v_0) zusammen. Man nennt diesen Punkt einen *kritischen Punkt* oder einen *Gleichgewichtspunkt*.

Programmabfragen mit Standardbeispiel

1. Differentialgleichung:	$u'(u,v,x) = (1-v) \cdot u$	
2. Differentialgleichung:	$v'(u,v,x) = (u-1) \cdot v$	
X-Intervallgrenzen:	*[0., 15.]*	
U-Intervallgrenzen:	*[0.6, 1.5]*	
V-Intervallgrenzen:	*[0.6, 1.5]*	
Anfangsswert für U:	*0.8*	
Anfangsswert für V:	*0.8*	
Anzahl der Schritte:	*250*	*(2 - 1000)*
Verfahren:	*Runge-Kutta*	*(Euler-Cauchy-/ Heun-/ Runge-Kutta-Verf.)*
Art des Diagramms:	*U - V*	*(U - X, V - X / U - V)*
Lösung mitzeichnen?:	*Nein*	*(J / N)*
Auswertungen:	*300*	*(100 - 500).*

Die Anfangswerte und die Anzahl der Schritte beziehen sich auf das vorgegebene X-Intervall. Die Näherungslösungen können entweder in einem U(x)- und V(x)-Diagramm oder in der U-V-Phasenebene gezeichnet werden. Die Lösung ist für das konkrete Anfangswertproblem anzugeben. Die Auswertungen werden in U- und V-Richtung vorgenommen (Wartezeit!). Erfolgt keine Angabe der U- und V-Intervallgrenzen, so werden diese als Maximum und Minimum der jeweils berechneten Werte vom Programm eingesetzt.

Beispiel 6.6.1 Räuber-Beute-System

$$u' = 3u(1 - 0.1u) - 3\frac{u \cdot v}{u+1}, \quad v' = 0.5v(1 - \frac{v}{u})$$

$x \in [0, 30]$, $u(0) = 6$, $v(0) = 4$, 120 Schritte ($h = 0.25$), Runge-Kutta-Verfahren, ohne Lösungskurve, U- und V-Intervallgrenzen unbestimmt.

Das Differentialgleichungssystem beschreibt die dynamische Populationsentwicklung eines Räuber-Beute-Systems. U steht dabei für die Population des Beutetieres, v für die des Räubers und x für die Zeit. Das System erreicht mit obigen Daten einen stabilen Zustand. Dies erkennt man an den U(x)- und V(x)-Diagrammen wie auch an der Trajektorie, die sich zu einer geschlossenen Kurve entwickelt. Räuber- und Beutetier sind nicht zum Aussterben verurteilt. Verändern Sie die Parameterwerte der Gleichung oder die Anfangswerte! Beachten Sie dabei, daß vermeintliche Instabilitäten des Systems auch in der Wahl einer zu großen Schrittweite begründet liegen können.

Wie stabil ist das System? Wie leicht kann der Zustand eintreten, daß der Räuber alle Beutetiere frißt und damit beide Gattungen aussterben müssen? Was geschieht, wenn man anstelle des Runge-Kutta-Verfahrens das Euler-Cauchy-Verfahren benutzt?

Quelle: *May [1976b]*.

Beispiel 6.6.2 Steifes System von Differentialgleichungen

$$u' = -\frac{101}{2}u + \frac{99}{2}v, \quad v' = \frac{99}{2}u - \frac{101}{2}v,$$

$x \in [0, 10]$, $u(0) = 3$, $v(0) = 1$, U- und V-Intervallgrenzen unbestimmt, Euler-Cauchy-Verfahren.

Lösung: $u = 2\exp(-x) + \exp(-100x)$,

$v = 2\exp(-x) - \exp(-100x)$.

Systeme von Differentialgleichungen werden steif genannt, wenn sie sich aus stark verschieden rasch exponentiell abklingenden Anteilen zusammensetzen. Solche Differentialgleichungen spielen in verschiedenen technischen und naturwissenschaftlichen Anwendungen eine große Rolle. Ihre Integration mit einem Näherungsverfahren ist nicht immer einfach, die erfolgreiche Approximation der exakten Lösung hängt entscheidend von der Auswahl des Verfahrens und der Schrittweite ab. Beachten Sie zu diesem Thema *Abschnitt 6.3*.

Verändern Sie die Schrittweite und überprüfen Sie, wann sich die Näherungen in ihrem Verlauf qualitativ wie die exakte Lösung verhalten. Vergleichen Sie mit dem Runge-Kutta-Verfahren!

Allgemein läßt sich dieses Differentialgleichungssystem auch folgendermaßen schreiben:

$$u' = \frac{\lambda_1 + \lambda_2}{2} u + \frac{\lambda_1 - \lambda_2}{2} v$$

$$v' = \frac{\lambda_1 - \lambda_2}{2} u + \frac{\lambda_1 + \lambda_2}{2} v$$

mit den Konstanten $\lambda_1 < 0$, $\lambda_2 < 0$. Die allgemeine Lösung lautet:

$u(x) = k_1 \exp(\lambda_1 x) + k_2 \exp(\lambda_2 x),$

$v(x) = k_1 \exp(\lambda_1 x) - k_2 \exp(\lambda_2 x).$

Berechnen Sie die Lösungen des Euler-Verfahrens und zeigen Sie, bis zu welcher Schrittweite sie konvergieren. Vergleichen Sie das Ergebnis mit den grafischen Resultaten!

Quelle: *Grigorieff [1972]*, *S. 89*.

Beispiel 6.6.3 Van der Polsche Differentialgleichung

$u' = v$, $v' = \rho(1 - u^2)v - u$, $\rho = 10$, $u(0) = 0$, $v(0) = 1$,

x ∈ [0, 10], U- und V-Intervallgrenzen unbestimmt, Runge-Kutta-Verfahren , 1000 Schritte.

Obiges System zweier Differentialgleichungen resultiert aus der Differentialgleichung 2. Ordnung

$u''(x) = \rho(1 - u^2)u' - u$, $u(0) = 0$, $u'(0) = 1$.

Für $\rho = 0$ ist die Lösung $u(x) = \sin(x)$. Testen Sie auch $\rho = 0.1$ und $\rho = 0.5$ mit $x \in [0, 10]$, $h = 0.001$.

Die Gleichung spielt eine große Rolle in der Theorie der Röhrengeneratoren. Beachten Sie den instabilen Gleichgewichtspunkt *(0, 0)*.

Quellen: *Heuser [1989]*, *S. 558*, *Luther / Niederdrenk / Reutter / Yserentant [1987]*, *S.268*.

6 Anfangswertaufgaben

Beispiel 6.6.4 Mathematisches Pendel

$u' = v$, $v' = -sin(u)$,

$x \in [0, 20]$, $u(0) = 0$, $v(0) = 1$, *Runge-Kutta, 1000 Schritte*.

Das System ergibt sich durch Substitution aus der Differentialgleichung 2. Ordnung:

$u''(x) = -sin(u)$, $u(0) = u_0$, $u'(0) = u_1$.

An der Stelle *(0, 0)* liegt ein Gleichgewichtspunkt vor, bei *(π, 0)* ein Sattelpunkt und bei *(0, 2π), (0, -2π)* etc. wiederum Gleichgewichtspunkte.

Beim mathematischen Pendel handelt es sich um folgende Vorrichtung: Ein Massenpunkt *M* der Masse *m* ist durch eine masselose Stange der Länge *l* an einem festen Punkt drehbar aufgehängt. Die Reibung im Aufhängepunkt und der Luftwiderstand werden vernachlässigt.

Auf *M* wirkt als bewegende Kraft damit die tangentiale Komponente der Schwerkraft *-m g sin ρ* , wobei ρ der Winkel zwischen der Pendelstange und der Vertikalen und *g* die Erdbeschleunigung ist. Die Bogenlänge *s* ist vom Ruhepunkt des Pendels aus gesehen gleich *l ρ* und damit gilt nach dem Newtonschen Kraftgesetz für die Bewegung von *M*:

$$m \frac{d^2 s}{dt^2} = m l \frac{d^2 \rho}{dt^2} = -m g \sin \rho$$

$$\Rightarrow \frac{d^2 \rho}{dt^2} + \frac{g}{l} \sin \rho = 0.$$

Um die verschiedenen Gleichgewichtspunkte und den Verlauf verschiedener Trajektorien zu veranschaulichen, wird die Benutzung von *Programm 6.7* empfohlen.

Vgl.: *Heuser [1989], S. 218*.

Für dieses Programm ergeben sich eine Fülle von Anwendungen. Insbesondere lineare Differentialgleichungen mit konstanten Koeffizienten, wie z. B. die des gedämpften oder des ungedämpften Oszillators, sind in wichtigen Bereichen der Natur- und Ingenieurwissenschaften von außerordentlicher Bedeutung. VISU eignet sich ausgezeichnet dazu, die Einflüsse verschiedener Parameter, die für bestimmte physikalische Größen stehen können, auf den Verlauf der Differentialgleichung auszutesten.

6.7 Einfluß der Anfangswerte bei zweidimensionalen Differentialgleichungen

Das Programm ist als Erweiterung zu *Programm 6.6* zu verstehen. Es dient dazu, den Einfluß der Anfangswerte auf den Verlauf der Trajektorien zu untersuchen. In eine Grafik können mehrere Trajektorien mit unterschiedlichen Anfangswerten aufgenommen werden.

Programmabfragen mit Standardbeispiel

1. Differentialgleichung:	$u'(u, v, x) = v$	
2. Differentialgleichung:	$v'(u, v, x) = -u$	
X-Intervallgrenzen:	*[0., 10.]*	
U-Intervallgrenzen:	*[-10., 10.]*	
V-Intervallgrenzen:	*[-10., 10.]*	
Anzahl der Anfangswerte:	*10*	*(1 - 20)*
Angabe der Anfangswerte:	$u_1 = 1, u_2 = 2, u_3 = 1, u_4 = 2, u_5 = -1,$	
	$u_6 = -5, u_7 = -3, u_8 = 3, u_9 = 4, u_{10} = 5$	
	$v_1 = 1, v_2 = 2, v_3 = 2, v_4 = 1, v_5 = 4,$	
	$v_6 = 2, v_7 = 1, v_8 = 3, v_9 = -3, u_{10} = 5$	
Verfahren:	*Runge-Kutta*	*(Euler- / Heun- / Runge-Kutta-Verfahren)*
Anzahl der Schritte:	*100*	*(2 - 1000)*
Verbindung der Näherungen:	*Ja*	*(Ja / Nein)*
Auswertungen:	*300*	*(100 - 999).*

Im Unterschied zum letzten Programm wird nur die U-V-Phasenebene gezeichnet. Die Näherungspunkte müssen nicht unbedingt miteinander verbunden werden.

Beispiel 6.7.1 Räuber-Beute-Modell nach Lotka-Volterra

$u' = (1 - v) u$, $v' = (u - 1) v$,

$x \in [0, 15]$, *U- und V-Intervall unbegrenzt, 10 Anfangswerte, z.B.: (0.8, 0.8), (0.6, 0.6), (0.2, 0.2), (1.2, 1.2), (1.5, 1.0), (2.0, 2.5), (0.5, 0.2), (0.3, 1.0), (1.9, 1.9), (2.8, 0.5),100 Schritte, Runge-Kutta-Verfahren.*

Es handelt sich um dasselbe System wie im Standardbeispiel von *Programm 6.6*. Wie stabil ist die Populationsentwicklung von Räuber-und Beutetier?

Eine allgemeinere Form des Räuber-Beute-Modells, die ebenfalls für Experimente geeignet ist, findet man bei *Boyce / DiPrima [1977], S. 421.*

6 Anfangswertaufgaben

Beispiel 6.7.2 Lienard-Form der Van der Polschen Differentialgleichung für einen Schwingkreis

$$u' = -v \, , \, v' = -v^3 + av + u \, , \, a = 2,$$

$x \in [0, 15]$, u- und v-Achse unbegrenzt, 3 Anfangswerte: $(0.2, 0.2)$, $(-3., -3.)$, $(3., 3.)$, 150 Schritte, Runge-Kutta-Verfahren.

Ausgehend von verschiedenen Anfangswerten bildet sich dieselbe geschlossene Trajektorie. Experimentieren Sie mit dem Parameter a! Vergrößert man a über Null hinaus, so ergibt sich eine qualitative Veränderung der Differentialgleichung, die man auch als *Hopf-Bifurkation* bezeichnet. Was geschieht?

Vgl. *Hirsch / Smale [1974]*, S. 217, *Boyce /DiPrima [1977]*, S. 447.

Beispiel 6.7.3 Hopf-Bifurkation

$$u' = -v + u(a - (u^2 + v^2)), \, v' = u + v(a - (u^2 + v^2)), \, a = 1.,$$

$x \in [0, 10]$, u- und v-Achse unbegrenzt, 2 Anfangswerte: $(0.1, 0.)$, $(2., 2.)$, 250 Schritte, Runge-Kutta-Verfahren.

Wählen Sie unter anderem $a = 1.0, 0.0$ oder -0.4. Es ist dasselbe Phänomen wie in *Beispiel 6.7.2* zu beobachten. Erhöhen Sie bei Bedarf die Schrittzahl.

Quelle: *Guckenheimer / Holmes [1983]*, S. 150.

Beispiel 6.7.4 Seltsame Attraktoren

Bearbeiten Sie das Lotka-Volterra-System aus *Beispiel 6.7.1* mit dem *Verfahren von Heun* und wählen Sie nacheinander die *Schrittweiten* $h = 0.1$, $h = 0.81$ und $h = 0.79$.

Während für $h = 0.1$ eine geschlossene Trajektorie vorliegt und das System für $h = 0.81$ divergiert, bildet sich für $h = 0.79$ ein seltsamer Attraktor. Alle Iterationspunkte liegen innerhalb eines tropfenähnlichen Gebildes und werden von dort offenbar angezogen. Der ästhetische Eindruck läßt sich verbessern, wenn man mehrere Startwerte nimmt und die Iterationspunkte nicht miteinander verbindet.

Um die Schrittweite $h = 0.79$ genau zu erreichen, empfiehlt es sich, den Intervallausschnitt entsprechend zu wählen.

Wählen Sie beispielsweise 20 Startwerte : $(1., 1.)$, $(2., 2.)$, $(1., 2.)$, $(2., 1.)$, $(0.5, 0.5)$, $(0.5, 1.0)$, $(0.5, 1.5)$, $(0.5, 2.0)$, $(2.0, 2.5)$, $(1.5, 0.5)$, $(1.5, 1.0)$, $(1.5, 1.5)$, $(1.5, 2.0)$, $(1.5, 2.5)$, $(2.0, 0.5)$, $(2.5, 1.0)$, $(2.5, 1.5)$, $(2.5, 2.0)$, $(2.5, 2.5)$, $(1.0, 2.5)$.

Auf der Basis dieses seltsamen Attraktors haben *Peitgen / Richter [1986]* eine Reihe interessanter Computer-Grafiken entwickelt, unter anderem die "Volterra-Schalen".

Erläuterungen und Lösungen zu Kapitel 6

Diskretisierungsfehler

Beispiel 6.2.5: a) In diesem Fall ist der globale Diskretisierungsfehler gleich der Summe der jeweiligen lokalen. Dies gilt immer dann, wenn die rechte Seite der Differentialgleichung unabhängig vom Funktionswert y *(x)* ist, also in der allgemeinen Lösung die Konstante *k* als Summand auftaucht. Die einzelnen Kurven der Lösungsschar haben dann an jedem Abszissenpunkt in paralleler Richtung zur Ordinatenachse den gleichen Abstand voneinander. Dies läßt sich auch in Formeln zeigen. Nach (6.14) gilt für den lokalen Diskretisierungsfehler:

$$y(x_{j+1}) = y(x_j) + h\, f_h(x_j, y(x_j)) + d_{j+1}.$$

Damit erhalten wir für den globalen Fehler:

$$g_{j+1} = y(x_{j+1}) - y_{j+1} = y(x_j) + h\, f_h(x_j, y(x_j)) + d_{j+1} - y_j - h\, f_h(x_j, y_j)$$
$$= g_j + h\,(f_h(x_j, y(x_j)) - f_h(x_j, y_j)) + d_{j+1}.$$

Da die Verfahrensfunktion f_h von y unabhängig ist, verschwindet die Differenz

$$f_h(x_j, y(x_j)) - f_h(x_j, y_j).$$

Der lokale Diskretisierungsfehler wird in jedem Schritt zum globalen addiert.

b) Der lokale Diskretisierungsfehler hat von der exakten Lösung sowohl positive als auch negative Abweichungen und kann daher an einigen Stellen betragsmäßig größer sein als der globale Fehler. Aufgrund der Periodizität der Lösungskurven ist der globale Fehler an einigen Stellen sehr klein, obwohl die Approximation der exakten Lösung durch die Näherungskurve im allgemeinen nicht zufriedenstellend ist.

c) Die Steigung der Lösungsfunktion ist vom Funktionswert y abhängig, deshalb ist der globale Diskretisierungsfehler keineswegs gleich der Summe der lokalen. Dies ist deutlich zu erkennen.

Um von den Diskretisierungsfehlern auf das Approximationsverhalten der Näherungslösung schließen zu können, reicht es, wie wir gesehen haben, nicht aus, nur eine Stelle der Abszisse zu beobachten.

Stabilität von Einschrittverfahren (I)

Beispiel 6.3.1: Anwendung des Euler-Verfahrens auf das Problem ergibt:

$$y_{j+1} = y_j + h\, f(x_j, y_j) = y_j + h\lambda\, y_j = y_j\,(1 + h\lambda), \quad j = 0, \ldots, N-1.$$

6 Anfangswertaufgaben

Insbesondere haben wir mit $y_0 = 1$:

$y_1 = y_0(1 + \lambda h) = 1 + \lambda h,$

$y_2 = y_1(1 + \lambda h) = y_0(1 + \lambda h)^2,$

und folgern durch Induktion: $y_{i+1} = y_0(1 + h\lambda)^j$ $j = 0,\ldots, N-1$.

Die Lösung $y(x) = e^{\lambda x}, \lambda < 0$, nähert sich für $x \to \infty$ asymptotisch der X-Achse. Soll dies für die Näherungen ebenfalls gelten, so muß $|1 + \lambda h| < 1$ sein. Die Menge aller komplexen Werte $h\lambda$, die diese Beziehung erfüllen, nennt man allgemein den *Stabilitätsbereich des Euler-Cauchy-Verfahrens*. Es folgt:

$$h < \frac{2}{-\lambda},$$

in diesem Fall $h < 1$.

Wählen Sie also $h < 1$, so verhält sich die Näherungslösung qualitativ wie die exakte Lösung, anderenfalls erhält man völlig unbrauchbare Ergebnisse. Zeichnen Sie die Schrittweiten $h = 0.5$, $h = 1$. und $h = 2$. !

Beispiel 6.3.2: Bei Anwendung des Runge-Kutta-Verfahrens ergeben sich die gleichen Phänomene, wie in *Beispiel 6.3.1*. Natürlich ist der Stabilitätsbereich des Runge-Kutta-Verfahrens größer als der des Euler-Verfahrens.

Beispiel 6.3.3: Aus der Vorschrift (6.4) folgt;

$$y_{j+1} = y_j + hf(x_{j+1}, y_{j+1}) = y_j - 2hy_{j+1} \Rightarrow y_{j+1} = \frac{1}{1+2h} y_j.$$

Entsprechend erhalten wir:

$$y_{j+1} = \frac{1}{(1+2h)^j} y_0, \quad j = 0,\ldots, N-1.$$

Die Näherungslösungen des impliziten Euler-Verfahrens verhalten sich in jedem Fall in ihrem Verlauf qualitativ so wie die Lösung. In der Grafik kann man diese Tatsache damit begründen, daß das jeweils berechnete Polygonstück nicht die Steigung der Tangente an die entsprechende Kurve aus der Lösungsschar am Anfang des Schrittes, sondern am Ende des Schrittes ist. Das implizite Euler-Verfahren ist absolut stabil, denn es ist keine Grenze für die Schrittweite zu beachten.

Instabilitäten werden auch in den Beispielen **6.4.4**, **6.4.5** und **6.6.2** behandelt.

Vergleich der Verfahren

Beispiel 6.4.1: Beim Euler-Verfahren muß man etwa *500* Schritte wählen, um ein ähnlich genaues Ergebnis wie beim Runge-Kutta-Verfahren mit 20 Schritten zu erhalten. Die Wahl von *400* Schritten ergibt für das Euler-Verfahren immer noch ein deutlich schlechteres Ergebnis.

Beispiel 6.4.2: Das Euler-Verfahren liefert nur bei Wahl einer ungeraden Schrittzahl eine gute Approximation der Lösung, weil in diesem Fall keine Auswertung an der Stelle $x = 0$ vorgenommen wird. Das Versagen des Runge-Kutta- und auch des verbesserten Euler-Verfahrens erklärt sich durch die mehrfache Auswertung während eines Schrittes in der Nähe der Stelle $x = 0$.

Beispiel 6.4.3: Rundungsfehler können bei Näherungsverfahren für Anfangswertprobleme besonders akkumuliert werden, wenn die Differentialgleichung einen ungünstigen Verlauf hat. Wie wir in *Beispiel 6.2.5 c.*) gesehen haben, ist der globale Diskretisierungsfehler nicht immer gleich der Summe der lokalen und somit ist auch der Rundungsfehler im Intervallendpunkt nicht gleich der Summe der Einzelrundungsfehler in den vorhergegangenen Rechenschritten. Die Anhäufung der Rundungsfehler kann die theoretisch vorliegende Konvergenz eines Verfahrens zerstören. Durch eine Rechnung mit größerer Stellenanzahl kann man den Einfluß der Rundungsfehler weiter zurückdrängen.

In diesem Beispiel bewirkt die Wahl der Schrittweite $h = 0.001$ keine wesentliche Verbesserung gegenüber dem Ergebnis mit der Schrittweite $h = 0.02$. Eine weitere Erhöhung der Schrittzahl kann bei gleichbleibender Rechengenauigkeit zu einer größeren Anhäufung der Rundungsfehler beitragen und die Approximationsqualität der Näherung sogar verschlechtern.

Stabilität von Einschrittverfahren (II)

Beispiel 6.4.4: Aus ähnlichen Gründen wie bei der Differentialgleichung aus *Abschnitt 6.3* werden die Näherungen von einer bestimmten Schrittweite an mit dem Runge-Kutta-Verfahren unbrauchbar. Bei Wahl von *360* Schritten erhält man noch einen zufriedenstellenden Verlauf der Näherungslösungen, mit *350* oder gar *300* Schritten nicht mehr.

Auch in diesem Fall eignen sich implizite Verfahren sehr gut zur Integration. Die Trapez-Methode approximiert trotz geringerer Fehlerordnung die Lösung mit nur *30* Schritten bereits sehr gut.

Beispiel 6.4.5: Dieses Anfangswertproblem hat dieselbe Lösung, wie dasjenige aus *Abschnitt 6.3* mit $\lambda = -1$. Wir haben in *Beispiel 6.3.1* festgestellt, daß h in diesem Fall kleiner als *2* sein muß, damit sich die Näherungslösungen in ihrem Verlauf qualitativ wie die exakte Lösung verhalten. Dieses Ergebnis läßt sich allerdings nicht auf die hier vorgestellte Differentialgleichung über-

6 Anfangswertaufgaben

tragen. Aus der Grafik ist zu erkennen, daß die "Grenzschrittweite" in diesem Fall kleiner ist.

Inhärente Instabilität

Beispiel 6.4.6: Durch Zeichnen der Lösungsschar mit den *Programmen 6.1* oder *6.5* (siehe hierzu *Beispiel 6.5.1*) ist zu sehen, daß die einzelnen Kurven exponentiell auseinanderwachsen. So klein wir die Schrittweite h auch wählen, es gelingt uns nicht, an der exakten Lösung zu bleiben, die Abweichungen werden schnell beliebig groß. Das würde sich auch nicht ändern, wenn wir die Schrittweite noch weiter verkleinerten, denn wie in *Beispiel 6.4.2* deutlich wurde entstehen bei zu kleiner Schrittweite Rundungsfehler, die sich gerade bei einer inhärenten Instabilität der Differentialgleichung in idealer Weise fortpflanzen können.

Auch die implizite Trapezmethode liefert in diesem Fall keine besseren Ergebnisse. Bei gleicher Schrittweite entfernen sich ihre Näherungen schneller von der Lösung als die des Runge-Kutta-Verfahrens. Bei Vorliegen einer inhärent instabilen Differentialgleichung benutzt man daher vor allem Verfahren möglichst hoher Konsistenzordnung.

Generell liegt eine inhärente Instabilität im skalaren Fall bei Anfangswertaufgaben der Form

$$y'(x) = \lambda(y(x) - g(x)) + g'(x), \quad y(a) = \alpha, \lambda > 0,$$

mit einer stetig differenzierbaren Funktion $g: \mathbb{R} \to \mathbb{R}$ und der Lösung

$$y(x) = (\alpha - g(a))e^{\lambda(x-a)} + g(x),$$

vor. Für $y(a) = g(a)$ gilt $y(x) = g(x)$, der Anteil der Exponentialfunktion ist also nicht mehr vorhanden und für $\lambda > 0$ entfernt sich eine benachbarte Lösung immer mehr von $y(x)$. Im Beispiel ist

$$g(x) = \frac{x^2}{1 + x^2}.$$

Beispiel 6.5.1: Das Beispiel eignet sich zur Erklärung für die schlechten Näherungen in *Beispiel 6.4.4*.

Bei minimalster Änderung des Anfangswertes $y(0) = 0$ steigen und fallen die Lösungskurven exponentiell an bzw. ab. Kleinste Abweichungen von der Lösung führen daher unmittelbar zu einem qualitativ völlig anderem Verlauf der Näherungskurve.

Beispiel 6.5.2: Bei *Becker / Dreyer / Haacke [1977]* wird die Lösung der Differentialgleichung in Abhängigkeit vom Anfangswert angegeben:

$$y = \frac{2}{2/y_0 - x^2}.$$

Wir stellen mit der Grafik fest, daß der Fehler bei gleichbleibender Schrittweite mit wachsendem $y_0 < 2$ immer größer wird, da die Kurven der Lösungs-schar für wachsendes y_0 immer steiler ansteigen.

Zweidimensionale Differentialgleichungen

Beispiel 6.6.1: Das System erweist sich als relativ stabil. Auch wenn man die Anzahl der Beutetiere stark herabsetzt und die der Räuber kräftig erhöht, stellt sich nach kurzer Zeit wieder ein geregeltes Hin und Her in der Populationsentwicklung der beiden Spezies ein. Beide Arten unterliegen also nicht der Gefahr des Aussterbens.

Beispiel 6.6.2: Die Integration der Differentialgleichungen mit dem Euler-Cauchy-Verfahren ergibt in der allgemeinen Form:

$$u_{j+1} = k_1(1 + h\lambda_1)^j + k_2(1 + h\lambda_2)^j,$$

$$v_{j+1} = k_1(1 + h\lambda_1)^j - k_2(1 + h\lambda_2)^j.$$

Die Lösungen konvergieren nur dann, wenn die Schrittweite h so klein gewählt wird, daß

$|1 + h\lambda_1| < 1$ und $|1 + h\lambda_2| < 1$ gilt.

Es ist $\lambda_1 = -1$ und $\lambda_2 = -100$. Ausrechnen der Bedingungen liefert:

$$h < \frac{1}{50}.$$

Wählen Sie *499* und *501* Schritte.

Beispiel 6.7.1: Ebenso wie das System aus *Beispiel 6.6.1* ist das Lotka-Volterra-Populationsmodell sehr stabil.

Beispiel 6.7.2: Für $a \leq 0$ ist der Gleichgewichtspunkt *(0. 0)* anziehend. Für $a > 0$ wird er instabil, es entwickelt sich eine geschlossene Trajektorie, deren Umfang durch eine Vergrößerung des Parameters a weiter wächst. Das Entstehen der Trajektorie bei $a = 0$ nennt man auch *Hopf-Bifurkation*.

Beispiel 6.7.3: Es sind die gleichen Phänomene zu beobachten wie in *Beispiel 6.7.2*. Für $a \leq 0$ ist der Nullpunkt ein attraktiver Gleichgewichtspunkt, wobei für $a = 0$ die "Anziehungskraft" für wachsendes a immer weiter abnimmt. Für

6 Anfangswertaufgaben

$a > 0$ wird er instabil und es entsteht wieder eine geschlossene Trajektorie, die sich um den Ursprung herumbewegt.

Falls die beschriebenen Effekte in der Grafik nicht zu beobachten sind, kann dies an einer zu großen Schrittweite liegen.

Literatur zum 6. Kapitel

Ausführliche Darstellungen zur numerischen Behandlung von Anfangswertaufgaben findet man bei Bulirsch / *Stoer [1978]*, *Luther / Niederdrenk / Reutter / Yserentant [1987]* und *Schwarz [1985]*. Zur Vertiefung kann das Buch von *Grigorieff [1972]* herangezogen werden. Lehrbücher, die sich allgemein mit gewöhnlichen Differentialgleichungen auseinandersetzen und zahlreiche Anwendungsbeispiele aus verschiedensten technischen und naturwissenschaftlichen Bereichen liefern, sind die von *Braun [1979]* und *Heuser [1989]*. Eine Reihe der darin enthaltenen Differentialgleichungen sind zum Visualisieren geeignet. Als Nachschlagewerk für die Lösung von unbekannten Differentialgleichungen empfiehlt sich das Buch von *Kamke [1977]*.

7 Nullstellenprobleme

7.0 Mathematische Einführung

Problemstellung

Gesucht wird eine Nullstelle der nichtlinearen stetigen Funktion $f: \mathbb{R} \to \mathbb{R}$, d.h. eine Lösung der Gleichung

$$f(x) = 0. \tag{7.1}$$

Die in VISU behandelten Lösungsverfahren werden im folgenden vorgestellt:

A. Intervallschachtelungsverfahren

Bei den *Intervallschachtelungsverfahren* versucht man, die reelle Lösung von Gleichung (7.1) zu finden, indem man ein Intervall $[a, b]$

$$\text{mit } f(a) \cdot f(b) < 0 \tag{7.2}$$

nach einer bestimmten Regel fortwährend verkleinert. Aus Stetigkeitsgründen existiert dann $x^* \in (a, b)$ mit $f(x^*) = 0$. Als Vertreter dieser Verfahrensklasse werden das *Bisektionsverfahren* und die *Regula falsi* vorgestellt. Besonders am Beispiel der Bisektionsmethode läßt sich das Prinzip der Intervallschachtelungsverfahren sehr gut zeigen.

Bisektionsverfahren

Die Regel besteht darin, den Mittelpunkt des Intervalls $[a, b]$ zu berechnen. Hat man

$$\mu = \frac{a + b}{2}$$

und ist $f(\mu) \neq 0$, so wird aus dem Vorzeichen von $f(\mu)$ geschlossen, in welchem der beiden Teilintervalle $[a, \mu]$ und $[\mu, b]$ die gesuchte Lösung x^* sich befindet. Das Verfahren wird so lange fortgesetzt, bis das Intervall, in dem die gesuchte Nullstelle liegt, hinreichend klein ist. Als Fehlerabschätzung für den Mittelpunkt $x^{(j)}$ des Intervalls nach j Intervallhalbierungen erhält man

$$|x^{(j)} - x^*| \leq \frac{b - a}{2^{j+1}} \quad , j = 0, 1, 2, \ldots \tag{7.3}$$

Aufgrund der einfachen Idee des Bisektionsverfahrens wurde in VISU auf eine Visualisierung verzichtet.

Regula falsi

Das Intervall [a, b] mit Eigenschaft (7.2) wird durch die Nullstelle x_0 der Sekante von f durch $(a, f(a))$ und $(b, f(b))$ geteilt. Aus dem Vorzeichen von $f(x_0)$ wird wieder geschlossen, in welchem der beiden Teilintervalle [a, x_0] oder [x_0, b] die gesuchte Lösung liegt. Das neu entstandene Intervall wird auf die gleiche Weise geteilt. Eine ausführliche Herleitung des Algorithmus der Regula falsi auf der Grundlage der Visualisierung erfolgt in *Beispiel 7.1.1*.

Mehrfache Nullstellen können ggf. aufgrund der Voraussetzung (7.2) nicht gefunden werden, doch sind Intervallschachtelungsverfahren unter den gemachten Voraussetzungen stets konvergent. Dies muß für die folgenden Verfahren, für die kein Startintervall mit Eigenschaft (7.2) vorgegeben wird, nicht gelten.

B. Sekantenverfahren

$$x^{(j+1)} = x^{(j)} - f(x^{(j)}) \frac{x^{(j)} - x^{(j-1)}}{f(x^{(j)}) - f(x^{(j-1)})} \ , \quad j = 1, 2, \ldots \tag{7.4}$$

Das Sekantenverfahren benötigt zwei Startwerte $x^{(0)}$ und $x^{(1)}$. Die Formel wird in *Beispiel 7.1.2* grafisch motiviert.

Für die nächsten drei Verfahren der Newton-Klasse wird die Differenzierbarkeit von f in einer Umgebung der Lösung x^* von (7.1) vorausgesetzt.

C. Newton-Verfahren

$$x^{(j+1)} = x^{(j)} - f(x^{(j)}) / f'(x^{(j)}) \ , \quad j = 0, 1, 2, \ldots \tag{7.5}$$

Grafische Motivation: *Beispiel 7.1.4*.

D. Modifiziertes Newton-Verfahren

$$x^{(j+1)} = x^{(j)} - m f(x^{(j)}) / f'(x^{(j)}), \quad m > 0, \quad j = 0, 1, 2, \ldots \tag{7.6}$$

Das modifizierte Newton-Verfahren wird vor allem bei mehrfachen Nullstellen angewandt. Allgemein wählt man $m = k$, wenn es sich um eine k-fache Nullstelle handelt. Dadurch erhöht sich gegenüber dem Newton-Verfahren die Konvergenzgeschwindigkeit. Oftmals ist die Vielfachheit einer Nullstelle natürlich nicht bekannt. Für diesen Fall wird bei *Engeln-Müllges / Reutter [1987]* eine allgemeine Iterationsformel angegeben.

E. Vereinfachtes Newton-Verfahren

$$x^{(j+1)} = x^{(j)} - f(x^{(j)}) / f'(x^{(0)}) \ , \quad j = 0, 1, 2, \ldots \tag{7.7}$$

Grafische Darstellung: *Beispiel 7.1.8*.

F. Fixpunktiteration

Zur Nullstellenberechnung mit der *Fixpunktiteration* muß die Funktion f auf *Fixpunktgestalt* gebracht werden, d.h. auf die Form

$$x = g(x) \tag{7.8}$$

mit einer reellwertigen stetigen Funktion $g(x)$.

Umformung auf Fixpunktgestalt

Die Gleichung (7.8) besitzt genau dann dieselben Lösungen wie Gleichung (7.1), wenn $g(x)$ die Gestalt

$$g(x) = x - f(x)\rho(x) \tag{7.9}$$

hat, wobei $\rho(x)$ stetig mit $\rho(x) \neq 0$ für alle $x \in \mathbb{R}$ ist.

Dies ist unmittelbar einsichtig, denn

$$g(x^*) = x^* \Rightarrow f(x^*)\rho(x^*) = 0 \Rightarrow f(x^*) = 0 \quad \text{und}$$

$$f(x^*) = 0 \Rightarrow g(x^*) = x^*.$$

Somit liefert jede geeignete Wahl von ρ eine zu (7.1) äquivalente Gleichung. In der Regel bringt man (7.1) auf die Form (7.8), indem man eine Auflösung von (7.1) nach x vornimmt. In *Beispiel 7.2.5* werden verschiedene Iterationsfunktionen für ein Nullstellenproblem vorgestellt.

Anwendung des Banachschen Fixpunktsatzes

Wir behandeln also den eindimensionalen Fall von Gleichung (5.1), die Iterationsvorschrift lautet:

$$x^{(j+1)} = g(x^{(j)}) \quad j = 0, 1, 2, \ldots \tag{7.10}$$

Unter den Voraussetzungen des *Banachschen Fixpunktsatzes* (5.3) und (5.4) bzw. (5.5), daß man ein Intervall $[a, b]$ und ein $q \in \mathbb{R}, 0 < q < 1$, findet, mit

a.) $x \in [a, b] \Rightarrow g(x) \in [a, b]$ und $\tag{7.11}$

b.) $|g(x) - g(y)| \leq q|x - y|$ für alle $x, y \in [a, b]$, $\tag{7.12}$

konvergiert die Fixpunktiteration gegen eine eindeutig bestimmte Lösung der Gleichung (7.1). Es gelten die *a-priori-* und die *a-posteriori-Fehlerabschätzungen* (5.8) und (5.9) für den eindimensionalen Fall.

Konvergenzkriterium

Da Bedingung (7.12) erfüllt ist, falls $|g'(x)| < 1$ für alle $x \in [a, b]$ gilt, kann umgekehrt gefolgert werden:

Ist g in einer Umgebung eines Fixpunktes x^* stetig differenzierbar mit

7 Nullstellenprobleme

$|g'(x^*)| < 1$, (7.13)

dann gibt es eine Zahl $\varepsilon > 0$, so daß die Fixpunktiteration (7.10) von jedem Startwert $x^{(0)}$ mit $|x^{(0)} - x^*| \le \varepsilon$ gegen x^* konvergiert.

Aus Stetigkeitsgründen ist nämlich $|g'(x)| \le q < 1$ für alle x mit $x^* - \varepsilon \le x \le x^* + \varepsilon$ und (7.12) ist erfüllt. Wegen

$$|x^{(j)} - x^*| = |g(x^{(j-1)}) - g(x^*)| \le q|x^{(j-1)} - x^*|, \, j = 1, 2, \ldots,$$

führt die Bildung der Iterierten nicht aus der Umgebung des Fixpunktes heraus.

Ist also die Gültigkeit von Relation (7.13) bekannt, so braucht man nur einen Startwert möglichst nahe bei x^* zu wählen, um Konvergenz zu erhalten.

G. Steffensen-Verfahren

$$x^{(j+1)} = x^{(j)} - \frac{(g(x^{(j)}) - x^{(j)})^2}{g(g(x^{(j)})) - 2g(x^{(j)}) + x^{(j)}}, \, j = 0, 1, 2, . \quad (7.14)$$

$g(x)$ genügt dabei wieder der Gleichung (7.8) und wird auf dieselbe Weise gebildet wie bei der Fixpunktiteration. Konvergiert die Fixpunktiteration, so gilt dies mit der gleichen Iterationsfunktion auch für das Steffensen-Verfahren. Das Steffensen-Verfahren kann auch konvergieren, wenn die Fixpunktiterationen divergieren.

Konvergenzordnung

Die Konvergenzgeschwindigkeit eines Verfahrens hängt von der Konvergenzordnung ab. Dazu folgende Definition:

Ein Iterationsverfahren besitzt mindestens die *Konvergenzordnung p*, falls die von ihm erzeugte Folge $x^{(j)}$ gegen den Grenzwert x^* konvergiert und

$$|x^* - x^{(j+1)}| \le c|x^* - x^{(j)}|^p \quad (7.15)$$

mit $c \ge 0$ gilt.

Im Fall $p = 1$ spricht man von *linearer* und für $p > 1$ von *superlinearer Konvergenz*.

Für das *Bisektionsverfahren* kann mittels der Fehlerabschätzung (7.3) und dieser Definition eine Konvergenzordnung von mindestens $p = 1$ festgestellt werden. Dasselbe Resultat erhalten wir mit (7.12) für die *Fixpunktiteration*.

Bei den anderen vorgestellten Verfahren ist die Bestimmung der Konvergenzordnung nicht immer einfach. Falls f dreimal stetig differenzierbar ist, kann man für die *Regula falsi* $p = 1$ zeigen und für das *Sekantenverfahren* in einem etwas aufwendigeren Beweis

$$p = \frac{1}{2}(1 + \sqrt{5}) \approx 1.618,$$

allerdings unter der jeweiligen Voraussetzung, daß $f'(x^*) \neq 0$ und $f''(x^*) \neq 0$ sind.

Beim *Newton-Verfahren* können wir die Konvergenzordnung einfacher ermitteln. Setzen wir in (7.5) $g(x^{(j)}) = x^{(j+1)}$, so haben wir das Newton-Verfahren in eine Fixpunktiteration umgewandelt, denn die Gleichung $f(x^*) = 0$ ist äquivalent mit $g(x^*) = x^*$, falls $f'(x^*) \neq 0$, also x^* nur einfache Nullstelle von f ist. Weiter gilt für dreimal differenzierbares f

$$g'(x) = 1 - \frac{f'(x)^2 - f(x)f''(x)}{f'(x)^2} = \frac{f(x)f''(x)}{f'(x)^2}$$

und mittels der Taylor-Entwicklung mit einer Zwischenstelle $\zeta^{(j)}$ von x^* und $x^{(j)}$

$$x^* - x^{(j+1)} = g(x^*) - g(x^{(j)}) = -g'(x^*)(x^{(j)} - x^*) - \frac{1}{2}g''(\zeta^{(j)})(x^{(j)} - x^*)^2$$
(7.16)

Setzen wir in (7.5) den Fixpunkt x^* von g ein, so erhalten wir $g'(x^*) = 0$. Aus (7.16) können wir ablesen, daß dies mindestens quadratische Konvergenz ($p = 2$) bedeutet.

Für das *vereinfachte Newton-Verfahren* läßt sich nur eine lineare Konvergenz zeigen und für das *modifizierte Newton-Verfahren* gilt: Besitzt die Funktion f eine Nullstelle der Vielfachheit $k \geq 2$, so ist die Iterationsfolge (7.6) mit $m = k$ quadratisch konvergent, falls f (k + 1)- mal stetig differenzierbar ist.

Für das *Steffensen-Verfahren* kann nachgewiesen werden, daß die Iterationsfolge (7.14) für jeden Startwert aus dem Intervall *[a, b]* quadratisch konvergiert, wenn gilt:

a) g ist dreimal stetig differenzierbar

b) $x^* \in (a, b)$ ist in (a, b) *einzige Lösung* (7.17)

c) $g'(x^*) \neq 1$. (7.18)

Beweis: *Henrici [1972], S. 121.*

7 Nullstellenprobleme

Kriterien für die Wahl eines Iterationsverfahrens

Die Konvergenzordnung eines Verfahrens ist natürlich nicht das einzige Kriterium für seine Auswahl. Da die vorgestellten Methoden mit Ausnahme der Intervallschachtelungsverfahren vielfach nur lokal konvergent sind, kann es geschehen, daß für ein gegebenes Problem ein Verfahren mit einem bestimmten Startwert konvergiert und ein anderes nicht.

Ein weiteres Auswahlkriterium ist der Berechnungsaufwand, der besonders beim Newton-Verfahren groß ist, denn in jedem Schritt muß die Ableitung der Funktion an einer neuen Stelle berechnet werden. Aus diesem Grund benutzt man zuweilen das vereinfachte Newton-Verfahren. Da dieses aber nur linear konvergiert, geht man oft einen Kompromiß ein und berechnet beispielsweise nur in jedem zehnten Schritt die Ableitung neu. Ein solches Vorgehen wird "Updating" genannt.

Aufgrund seiner hohen Konvergenzordnung wird das Newton-Verfahren dennoch viel genutzt. Eine gute Alternative bietet auf jeden Fall das Sekanten-Verfahren, denn es ist auch superlinear konvergent und zudem einfach zu berechnen.

Die Iterationen des Steffensen-Verfahrens sind ebenfalls relativ aufwendig zu berechnen.

7.1 Funktionsweise verschiedener Verfahren

Die Funktionsweise verschiedener Methoden zur Lösung von Nullstellenproblemen wird grafisch veranschaulicht.

Programmabfragen mit Standardbeispiel

Funktion:	$f(x) = sin(x)$	
X-Intervallgrenzen:	$[1.6, 4.3]$	
Y-Intervallgrenzen:	$[-1., 1.]$	
Verfahren:	Newton-Verfahren	(Regula falsi / Newton- / Sekanten- / Vereinf. Newton- / Modif. Newton-Verfahren)
Ableitungsfunktion:	$f'(x) = cos(x)$	(nur für die Newton-Verf.)
Startwert:	$x^{(0)} = 2.$	
Anzahl der Iterationschritte:	10	(2 - 999)
Auswertungen:	300	(100 - 999).

Falls Sie für das X- und Y-Intervall keine Begrenzungen angeben, werden die Achsenbegrenzungen vom Programm so gewählt, daß alle Iterationspunkte enthalten sind. Um auch alle Tangenten oder Sekanten vollständig in das Bild zu bekommen, kann es in einigen Fällen dennoch vorteilhaft sein, den Achsenausschnitt nochmals mit der Wahl fester Begrenzungen zu vergrößern. Für die Newton-Verfahren muß die Ableitung mit angegeben werden. Auf einer zweiten Bildschirmseite sind die Intervallgrenzen für die Regula falsi und die Startwerte für die übrigen Verfahren einzutippen.

Falls der Nenner in der Iterationsvorschrift eines der Verfahren in einem Schritt Null werden sollte, so erfolgt eine Meldung durch das Programm und die Iterationen werden abgebrochen. Beim Sekantenverfahren und der Regula falsi ist dies bei Konvergenz stets in der Nähe der Lösung der Fall.

Beispiel 7.1.1 Funktionsweise der Regula falsi

$f(x) = 5 - x^2$, *X- und Startintervall: [-2, 3] , Y-Intervallgrenzen unbestimmt, 5 Schritte.*

Bei der Regula falsi wird zwischen den beiden Intervallendpunkten die Sekante der Funktion berechnet. Der Schnittpunkt der Sekante mit der X-Achse ist ein Intervallendpunkt im nächsten Schritt. Liegt die Nullstelle rechts von diesem Punkt, bleibt der alte rechte Intervallendpunkt erhalten, andernfalls der linke. Im derart neu gebildeten Intervall wird wiederum die Sekante der Funktion berechnet, deren Schnittpunkt mit der X-Achse bestimmt und so fort.

In Formeln: Geht man vom Intervall $[a^{(j)}, b^{(j)}]$ aus, so genügt die Sekante durch die Punkte $(a^{(j)}, f(a^{(j)}))$ und $(b^{(j)}, f(b^{(j)}))$ nach der Zweipunkteform der

7 Nullstellenprobleme

Gleichung:

$$\frac{y - f(a^{(j)})}{f(b^{(j)}) - f(a^{(j)})} = \frac{x - a^{(j)}}{b^{(j)} - a^{(j)}}.$$

Gesucht ist der Schnittpunkt dieser Geraden mit der X-Achse. Dies soll der Punkt $x^{(j+1)}$ sein. Also ergibt sich:

$$\frac{-f(a^{(j)})}{f(b^{(j)}) - f(a^{(j)})} = \frac{x^{(j+1)} - a^{(j)}}{b^{(j)} - a^{(j)}}$$

$$\Rightarrow x^{(j+1)} = \frac{a^{(j)} f(a^{(j)}) - b^{(j)} f(a^{(j)})}{f(b^{(j)}) - f(a^{(j)})} + a^{(j)}$$

$$= \frac{a^{(j)} f(b^{(j)}) - b^{(j)} f(a^{(j)})}{f(b^{(j)}) - f(a^{(j)})}.$$

Falls $f(a^{(j)}) \cdot f(x^{(j+1)}) \leq 0$ ist, setzt man:

$a^{(j+1)} = a^{(j)}$ und $b^{(j+1)} = x^{(j+1)}$,

anderenfalls

$a^{(j+1)} = x^{(j+1)}$ und $b^{(j+1)} = b^{(j)}$.

Damit ist das neue Intervall $[a^{(j+1)}, b^{(j+1)}]$ berechnet. In der Grafik wird jeweils das Sekantenstück zwischen den Punkten $(a^{(j)}, f(a^{(j)}))$ und $(b^{(j)}, f(b^{(j)}))$ gezeichnet.

Beispiel 7.1.2 Funktionsweise des Sekantenverfahrens

$f(x) = (x + 1)/(x^2 + 2)$, $x \in [-2.5, 0.5]$, *Y-Intervallgrenzen unbestimmt*, $x^{(0)} = -2$, $x^{(1)} = 0$.

Die Funktionsweise des Sekantenverfahrens entspricht in etwa der der Regula falsi. Man überprüft allerdings nicht mehr, ob die Nullstelle der Funktion noch in dem jeweils betrachteten Intervall liegt. Die Auswertung ist dadurch zwar weniger aufwendig, die Konvergenz aber nicht mehr gewährleistet.

Ausgehend von den beiden Startwerten $x^{(0)}$ und $x^{(1)}$ wird die Sekante der Funktion durch $(x^{(0)}, f(x^{(0)}))$ und $(x^{(1)}, f(x^{(1)}))$ berechnet. Deren Nullstelle ist der Iterationswert $x^{(2)}$ und so fort.

In der Grafik ist der Teil der Sekante zwischen den beiden Punkten $(x^{(j)}, f(x^{(j)}))$ und $(x^{(j+1)}, f(x^{(j+1)}))$ standardmäßig ebenso blau gefärbt wie derjenige zwischen $(x^{(j+2)}, 0)$ und $(x^{(j+1)}, f(x^{(j+1)}))$.

Analog zur Sekantenformel der Regula falsi aus *Beispiel 7.1.1* betrachtet man anstelle von $[a^{(j)}, b^{(j)}]$ das Intervall $[x^{(j-1)}, x^{(j)}]$ und erhält für $x^{(j+1)}$:

$$x^{(j+1)} = \frac{x^{(j-1)} f(x^{(j)}) - x^{(j)} f(x^{(j-1)})}{f(x^{(j)}) - f(x^{(j-1)})} = x^{(j)} - f(x^{(j)}) \frac{x^{(j)} - x^{(j-1)}}{f(x^{(j)}) - f(x^{(j-1)})}.$$

Dies ist die Formel (7.4) des Sekantenverfahrens. Vergegenwärtigen Sie sich an der Grafik den Unterschied zwischen dem Sekantenverfahren und der Regula falsi.

Beispiel 7.1.3 Nichtkonvergenz des Sekantenverfahrens

Suchen Sie Startwerte für die Funktion aus *Beispiel 7.1.2*, mit denen das Sekantenverfahren nicht konvergiert.

Beispiel 7.1.4 Funktionsweise des Newton-Verfahrens

$f(x) = x^3 - 2x + 2$, $x^{(0)} = 0.5$, X- und Y-Intervallgrenzen unbestimmt.

An der Stelle $x^{(0)}$ wird die Tangente an die Funktion gelegt, deren Nullstelle gesucht ist. Der Schnittpunkt dieser Tangente mit der X-Achse ist der erste Iterationswert. Dort wird wiederum die Tangente an die Funktion gelegt. Deren Nullstelle ist der zweite Iterationswert und so setzt sich das Verfahren fort.

In Formeln: Die Tangente an die Funktion $f(x)$ im Punkte $(x^{(j)}, f(x^{(j)}))$ genügt nach der Punkt-Steigungs-Form der Gleichung

$y - f(x^{(j)}) = f'(x^{(j)}) (x - x^{(j)})$.

Die Iterierte $x^{(j+1)}$ soll die Nullstelle dieser Geraden sein, also:

$-f(x^{(j)}) = f'(x^{(j)}) (x^{(j+1)} - x^{(j)})$

$$\Rightarrow x^{(j+1)} = x^{(j)} - \frac{f(x^{(j)})}{f'(x^{(j)})}.$$

Dies ist die Iterationsformel (7.5) des Newton-Verfahrens. Da sich die Iterationen im Beispiel von beiden Seiten der Lösung annähern, spricht man auch von oszillierender Konvergenz.

Beispiel 7.1.5 Divergenz des Newton-Verfahrens

$f(x) = x^3 - 2x + 2$, $x^{(0)} = 0$, $x \in [-1.8, 1.2]$, $y \in [-0.5, 3.5]$.

Beispiel 7.1.6 Konvergenz gegen verschiedene Nullstellen

$f(x) = sin(x)$, X- und Y-Intervallgrenzen unbestimmt.

7 Nullstellenprobleme

Wählen Sie das Newton-Verfahren und experimentieren Sie mit verschiedenen Startwerten, z.B. $x^{(0)} = 1.75$ $(1.95, 1.90, 2.0)$!

Gegen welche Nullstellen konvergiert das Newton-Verfahren?

Beispiel 7.1.7 Mehrfache Nullstellen

a.) $f(x) = (1 - \sin x)$, X- und Y-Intervallgrenzen unbestimmt, $x^{(0)} = 0$.

b.) $f(x) = (x - 2)^5$, X- und Y-Intervallgrenzen unbestimmt, $x^{(0)} = 1$.

Benutzen Sie das *Newton-* und das *modifizierte Newton-Verfahren* und wählen Sie verschiedene Werte für m.

Ein Vergleich zwischen dem Newton- und dem modifizierten Newton-Verfahren ergibt die deutlich schnellere Konvergenz des letzteren, falls man $m = 2$ wählt.

Beispiel 7.1.8 Funktionsweise des vereinfachten Newton-Verfahrens

$f(x) = x \cdot \exp(x)$, $x^{(0)} = -0.25$, X- und Y-Intervallgrenzen unbestimmt, 15 Iterationen.

Die Funktionsweise des vereinfachten Newton-Verfahrens unterscheidet sich von der des Newton-Verfahrens lediglich dadurch, daß die Tangente an die Funktion nur im ersten Iterationsschritt berechnet wird. In den weiteren Schritten wird diese Tangente parallel zum jeweiligen Funktionswert des Iterationspunktes verschoben. In der Iterationsformel (7.7) steht daher anstelle von $f'(x^{(j)})$ der Wert $f'(x^{(0)})$.

7.2 Fixpunktiteration und Steffensen-Verfahren

Die Fixpunktiteration und das konvergenzbeschleunigende Steffensen-Verfahren können in ihrer Funktionsweise betrachtet und auf Konvergenz untersucht werden. Analog zu *Programm 5.1* ist es möglich, bei den hier vorliegenden eindimensionalen Differenzengleichungen Orbits und chaotische Bereiche zu finden.

Programmabfragen mit Standardbeispiel

Iterationsfunktion:	$g(x) = 0.5\,(x + 2/x)$	
X-Intervallgrenzen:	[1.2, 4.1]	
Y-Intervallgrenzen:	[0., 2.5]	
Startwert:	$x^{(o)} = 4$	
Verfahren:	Fixpunktiteration	(Fixpunktiteration Steffensen-Verfahren)
Anzahl der Schritte:	25	(2 - 999)
Anhalten nach jeder Iteration:	Nein	(J / N)
Auswertungen:	300	(100 - 999).

Wie im letzten Programm kann auf die Eingabe der X- und Y-Intervallgrenzen verzichtet werden. Beim Steffensen-Verfahren wird bei Konvergenz in der Nähe der Lösung der Nenner in der Iterationsvorschrift numerisch Null. Das Verfahren wird dann mit einer entsprechenden Meldung abgebrochen.

Ein Anhalten der Programmausführung nach jedem Schritt kann für das Nachvollziehen der Funktionsweise eines Verfahrens sinnvoll sein. Man sollte darauf achten, daß in einem solchem Fall die Anzahl der Iterationen nicht zu hoch ist.

Beispiel 7.2.1 Funktionsweise der Fixpunktiteration

$$g(x) = 1 + \frac{1}{x} + \left(\frac{1}{x}\right)^2,$$

$x \in [1.75, 2]$, $y \in [1.75, 2]$, $x^{(0)} = 1.825$.

Die Fixpunktiteration $x^{(j+1)} = g(x^{(j)})$ kann grafisch so erklärt werden:

Der Funktionswert $g(x^{(0)})$ des Startwertes ist der Iterationswert $x^{(1)}$, den man auf der X-Achse erhält, indem man sich vom Punkte $(x^{(0)}, g(x^{(0)}))$ parallel zur X-Achse zum Punkt $(g(x^{(0)}), g(x^{(0)}))$ auf der Geraden $y = x$ bewegt und von dort das Lot auf die X-Achse fällt. Auf dieselbe Weise ergibt sich der Iterationpunkt $x^{(2)}$ aus $x^{(1)}$ und so fort.

In diesem Fall konvergiert die Fixpunktiteration oszillierend. Aus der Grafik läßt sich außerdem entnehmen, daß die Voraussetzungen (7.11) und (7.12) des Banachschen Fixpunktsatzes für das Intervall *[1.75, 2]* erfüllt sind. Das

7 Nullstellenprobleme

Intervall wird durch die Funktion g auf sich selbst abgebildet und die Steigung der Kurve ist zwischen den X-Werten *1.75* und *2* stets kleiner als *1*.

Beispiel 7.2.2 Funktionsweise des Steffensen-Verfahrens

a) $g(x) = 0.5 (x + 2/x)$, *X- und Y-Intervallgrenzen unbestimmt*, $x(0) = 8$.
b) $g(x) = x \sin(x)$, *Startwert : 2.0, X- und Y-Intervallgrenzen unbestimmt*.

Das Steffensen-Verfahren konvergiert gegenüber der Fixpunktiteration schneller, wie wir wissen, superlinear.

In der Grafik werden zuerst die ersten beiden Fixpunkt-Iterationswerte $g(x^{(0)})$ und $g(g(x^{(0)})$ berechnet, dann wird eine Sekante durch die beiden Punkte $(x_0, g(x^{(0)}))$ und $(g(x^{(0)}), g(g(x^{(0)})))$ berechnet. Das Lot vom Schnittpunkt dieser Sekante mit der Geraden $y = x$ auf die X-Achse ergibt den Iterationswert $x^{(1)}$. Dieser Schritt wird auch *Δ^2-Prozeß von Aitken* genannt. Mit $x^{(1)}$ wird entsprechend verfahren: Die X-Komponente des Schnittpunktes der Sekante durch $(x^{(1)}, g(x^{(1)}))$ und $(g(x^{(1)}), g(g(x^{(1)})))$ mit der Geraden $y = x$ ergibt die Iterierte $x^{(2)}$ und so weiter.

Für die Umsetzung in Formeln benutzen wir die Zweipunkteform der Sekante (in allgemeiner Form, ausgehend von der Iterierten $x^{(j)}$):

$$\frac{y(x) - g(x^{(j)})}{x - x^{(j)}} = \frac{g(x^{(j)}) - g(g(x^{(j)}))}{x^{(j)} - g(x^{(j)})}.$$

Der X-Wert des Schnittpunktes mit $y = x$ ist die Iterierte $x^{(j+1)}$. Wir erhalten:

$[x^{(j+1)} - g(x^{(j)})] [x^{(j)} - g(x^{(j)})] = [g(x^{(j)}) - g(g(x^{(j)}))] [x^{(j+1)} - x^{(j)}]$

$\Rightarrow x^{(j+1)} [x^{(j)} - g(x^{(j)})] - x^{(j+1)} [g(x^{(j)}) - g(g(x^{(j)}))] =$

$\qquad = g(x^{(j)}) [x^{(j)} - g(x^{(j)})] - x^{(j)} [g(x^{(j)}) - g(g(x^{(j)}))]$

$\Rightarrow x^{(j+1)} [x^{(j)} - 2 g(x^{(j)}) + g(g(x^{(j)}))] = -[g(x^{(j)})]^2 + x^{(j)} g(g(x^{(j)}))$

$$\Rightarrow x^{(j+1)} = \frac{x^{(j)} g(g(x^{(j)})) - [g(x^{(j)})]^2}{g(g(x^{(j)})) - 2 g(x^{(j)}) + x^{(j)}}$$

$$= x^{(j)} - \frac{x^{(j)^2} - 2 g(x^{(j)}) x^{(j)} + [g(x^{(j)})]^2}{g(g(x^{(j)})) - 2 g(x^{(j)}) + x^{(j)}}$$

$$= x^{(j)} - \frac{[x^{(j)} - g(x^{(j)})]^2}{g(g(x^{(j)})) - 2 g(x^{(j)}) + x^{(j)}}.$$

Dies ist exakt die Formel der Steffensen-Iteration.

Die schnellere Konvergenz dieser Methode gegenüber der reinen Fixpunktiteration ist geometrisch durchaus plausibel. Der Δ^2-Prozeß von Aitken wird nach je zwei Fixpunktiteratioen angewendet und die Fixpunkterationen werden mit diesem neuen Wert fortgesetzt.

Würde man den Aitkenschen Δ^2-Prozeß als eigene Verfahrensvorschrift nehmen, so liefen diese Aitken-Iterationen stets neben den Fixpunktiterationen her. Aus dem Startwert und den ersten beiden Fixpunktiterierten würde der 1. Verfahrenswert berechnet werden, aus den Fixpunktiterierten $x^{(1)}$, $x^{(2)}$, $x^{(3)}$ der zweite sowie aus $x^{(j-1)}$, $x^{(j)}$, $x^{(j+1)}$ der j-te, auf die Aitken-Iterierten selber würde die Fixpunktiteration nicht angewendet werden. Die Konvergenzgeschwindigkeit ist daher geringer als beim Steffensen-Verfahren.

Beispiel 7.2.3 Konvergenzvoraussetzungen des Fixpunktsatzes

Der Banachsche Fixpunktsatz ist außerordentlich wichtig, da mit ihm auch die Konvergenz der übrigen Iterationsverfahren bewiesen wird. Daher sollen seine Voraussetzungen (7.10) und (7.11) bzw. (5.5) grafisch erläutert werden.

Wir betrachten die Iterationsfunktion $g(x) = 2^{x-1}$, beispielsweise zur Berechnung der Nullstelle von $f(x) = 2x - 2^x$, überprüfen mit verschiedenen Startwerten, ob Konvergenz vorliegt. Es gilt: $g'(x) = 2^x \ln 2$.

a) $x^{(0)} = -1$, 10 Schritte, X- und Y-Intervallgrenzen unbestimmt.

Für $x^{(0)} \leq 1$ ist erkennbar, daß die Voraussetzungen des Fixpunktsatzes erfüllt sind. Die Steigung der Kurve ist stets kleiner als 1, jedes $x \in (-\infty, 1]$ wird auf $[0, 1]$ abgebildet, bleibt also im alten Intervall enthalten. Wir sehen, daß die zweite Konvergenzbedingung $(|g'(x)| < 1$ für alle $x \in (-\infty, 1])$ dafür verantwortlich ist, daß die Betragsdifferenz zweier Iterierter stets kleiner als die ihrer jeweiligen Vorgänger ist, also

$$|x^{(j+1)} - x^{(j)}| = |g(x^{(j)}) - g(x^{(j-1)})| \leq q |x^{(j)} - x^{(j-1)}| < |x^{(j)} - x^{(j-1)}|.$$

Mit allen Startwerten aus dem genannten Intervall konvergiert die Fixpunktiteration gegen den eindeutig bestimmten Fixpunkt $x^* = 1$.

b) $x^{(0)} = 2.1$, 5 Schritte, X- und Y-Intervallgrenzen unbestimmt.

Für alle $x^{(0)} > 2$ liegt Divergenz vor. Es ist $|g'(x)| > 1$ für $x > 2$ und damit werden die Betragsdifferenzen zweier Iterierter immer größer als die ihrer jeweiligen Vorgänger. Mit dem Mittelwertsatz und $\zeta \in (x^{(j-1)}, x^{(j)})$ gilt entsprechend:

$$|x^{(j+1)} - x^{(j)}| = |g(x^{(j)}) - g(x^{(j-1)})| = |g'(\zeta)(x^{(j)} - x^{(j-1)})|$$

$$= |g'(\zeta)| |x^{(j)} - x^{(j-1)}| > |x^{(j)} - x^{(j-1)}|.$$

c) $x^{(0)} = 1.99$, 50 Schritte, x- und y-Grenzen unbestimmt.

7 Nullstellenprobleme

Im Bereich $x^{(0)} \in [1, 2)$ liegt stets Konvergenz gegen $x^* = 1$ vor, obwohl die Bedingung (7.11) im rechten Teil des Intervalls verletzt ist. Die Voraussetzungen des Fixpunktsatzes sind somit zwar nur für $x \in [1, a]$ mit

$$a < lg_2(\frac{1}{ln(2)}) + 1 \approx 1.529$$

erfüllt, Konvergenz liegt aber auch für $x^{(0)} = 1.99$ vor, obwohl für kleine j gilt:

$|x^{(j+1)} - x^{(j)}| > |x^{(j)} - x^{(j-1)}|$.

$x = 2$ ist ebenfalls ein Fixpunkt, allerdings ein abstoßender, denn so nahe der Startwert auch liegen mag, die Iterationsfolge entfernt sich stets. Allein mit dem Startwert $x_0 = 2$ ist und bleibt man mit der Iterationsfolge am Ziel. Die Voraussetzungen des Fixpunktsatzes sind für $x \in [2, 2]$ auch erfüllt, denn wegen $g(2) = 2$ wird dieses Intervall auf sich selbst abgebildet und obwohl $|g'(2)| > 1$ ist, gibt es selbstverständlich eine Zahl q mit $0 < q < 1$, so daß $|g(2) - g(2)| \leq q|2 - 2|$ ist.

Im Unterschied zu *Beispiel 7.2.1* liegt in diesem Fall keine oszillierende oder spiralförmige Konvergenz vor, sondern eine treppenförmige.

Beispiel 7.2.4 Kombination treppen- und spiralförmiger Konvergenz

$g(x) = sin(2x)$, $x^{(0)} = 0.2$, *X- und Y-Intervallgrenzen unbestimmt*, 20 Schritte.

Beispiel 7.2.5 Prüfung verschiedener Iterationsfunktionen

Für die Nullstellenberechnung von $f(x) = x + ln\ x$ sollen verschiedene Iterationsfunktionen, die man mittels der Umformung (7.9) finden kann, auf ihre Tauglichkeit überprüft werden. Die Lösung ist $x^* \approx 0.567$. Überprüfen Sie die jeweilige Gültigkeit des Fixpunktsatzes im Intervall $[0, 1]$. Lassen Sie dabei die *X-und Y-Intervallgrenzen* zunächst *unbestimmt* und vergrößern Sie den Maßstab nur, falls es erforderlich sein sollte.

a) $x^{(j+1)} = -ln\ x^{(j)} = g(x^{(j)})$

b) $x^{(j+1)} = exp(-x^{(j)})$

c) $x^{(j+1)} = (x^{(j)} + exp(-x^{(j)}))/2$

d) $x^{(j+1)} = \frac{3}{5}(\frac{2}{3}x^{(j)} + exp(-x^{(j)}))$.

In welchem Fall konvergiert die Iterationsfolge, in welchem nicht? Überprüfen Sie jeweils an der Grafik, ob die Bedingungen des Banachschen Fixpunktsatzes erfüllt sind. Gibt es Unterschiede in der Konvergenzgeschwindigkeit?

Beispiel 7.2.6 Konvergenzbereiche

$g(x) = 2 - x^2$, $x^{(0)} = -1.5$,$x \in [-9., 2.]$, Y-Intervallgrenzen unbestimmt, 20 Schritte.

Vergleichen Sie die *Fixpunktiteration* und das *Steffensen-Verfahren*.

Quelle: *Engeln-Müllges /Reutter [1987]*.

Beispiel 7.2.7 Chaos bei Insekten

$g(x) = a x (1 - x)$

Dieses ist im eindimensionalen Fall die "klassische" Differenzengleichung, die mit dem Phänomen Chaos in Verbindung gebracht wird.Sie findet ihre Anwendung in der Biologie und beschreibt die Population von Insekten in einer bestimmten Periode in Abhängigkeit von ihrer Population der Vorperiode. Aufgestellt und untersucht wurde die Differenzengleichung durch den Biologen *Robert M. May*.

Wir wollen das Verhalten der Iterationsfolge für $x \in [0, 1]$ in Abhängigkeit von verschiedenen Parameterwerten $a \leq 4$ untersuchen.

a) Eindeutig bestimmter Fixpunkt

$a = 0.95$, $x^{(0)} = 0.5$, 40 Schritte

Für $a < 1$ sind die Voraussetzungen des Banachschen Fixpunktsatzes erfüllt (Beweis?). Es liegt Konvergenz gegen den eindeutig bestimmten Fixpunkt $x^* = 0$ vor. Eine zweite (negative) Lösung liegt nicht mehr in *[0, 1]*.

b) Zwei Fixpunkte

$a = 2.5$, $x^{(0)} = 0.3$, 20 Schritte

Die Voraussetzungen des Fixpunktsatzes sind aufgrund der zu großen Steigung der Funktion nicht mehr erfüllt. Es gibt für $1 \leq a < 3$ zwei Fixpunkte, von denen der Punkt $x^* = 0$ abstoßend ist - ein "repeller"-, der andere für alle $x^{(j)} \in [0, 1]$ anziehend.

c) Bifurkation (I)

$a = 3.1$, $x^{(0)} = 0.3$, 500 Schritte

Bei $a = 3.0$ beginnt eine sogenannte *Bifurkation*, die Verdoppelung der Ordnung eines Fixpunktes, also das Entstehen eines periodischen Orbits der Ordnung 2, das Pendeln der Iterationen zwischen zwei festen Punkten. Wir können feststellen, daß diese Punkte mit wachsendem a immer weiter auseinander gezogen werden.

d) Bifurkation (II)

$a = 3.3$, $x^{(0)} = 0.3$, 500 Schritte

7 Nullstellenprobleme

Der Abstand der Fixpunkte wächst. Vergrößert man a, so erhält man periodische Orbits der Ordnung 4,8 und so fort, wobei diese weiteren Bifurkationen immer dichter beieinander liegen.

e) Periodischer Orbit der Ordnung 4

$a = 3.5$, $x^{(0)} = 0.3$, 500 Schritte

f) Chaos

$a = 3.9$, $x^{(0)} = 0.4$, 250 Schritte

Wird $a > 3.5$ langsam erhöht, lassen sich peridische Orbits noch höherer Ordnung als in Beispiel e.) konstatieren. Für $a \approx 3.57$ liegt aber zweifelsohne Chaos vor. Nach einer Definition von *Li und Yorke [1975]* bedeutet dies vereinfacht ausgedrückt, daß es unendlich viele Orbits unterschiedlicher Ordnung gibt und eine nichtabzählbare Menge von Startwerten, die einen aperiodischen Iterationsverlauf einleiten. Das Intervall *[0, 1]* wird dennoch nicht verlassen.

g) Divergenz

$a = 4.1$, $x^{(0)} = 0.2$, 8 Schritte, X- und Y-Intervallgrenzen unbestimmt.

Ein instabiler, abstoßender Fixpunkt ist entstanden. Das Maximum der Funktion ist größer als *1* geworden und dadurch ist das Verlassen des Intervalls *[0, 1]* möglich.

Bei welchen Parameterwerten die Bifurkationen auftreten, kann man der folgenden Grafik entnehmen.

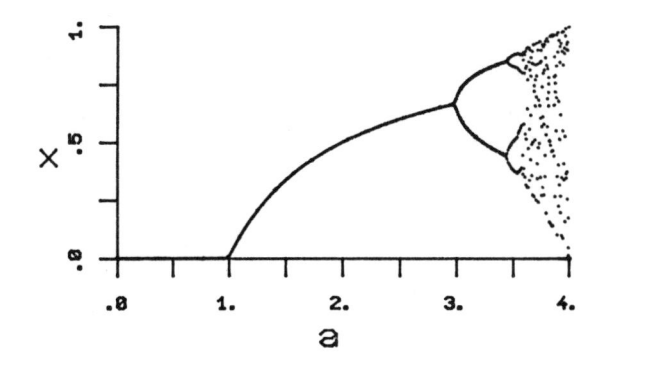

Bild 11

Quelle: *May [1976]*.

Beispiel 7.2.8 Chaos in der Genetik

$g(x) = (1-a)x + ax^3$, $x \in [-1,1]$.

Diese Differenzengleichung spielt in der Genetik eine Rolle. Durch Veränderung des Parameters a lassen sich wieder experimentell Bifurkationen und Chaos nachweisen. Für $a = 3.26$ erhält man einen periodischen Orbit der Ordnung 4 und für $a \approx 3.5980$ wieder chaotisches Verhalten.

Quelle: *Guckenheimer / Holmes [1983], S. 156;* Koçak *[1986], S.173.*

Beispiel 7.2.9 Chaos bei Sparguthaben

Ist g_n ein Guthaben im Jahre n und z der Zinssatz (bei p % ist $z = p/100$), dann berechnet sich das Guthaben im Jahre $n + 1$ durch $g_{n+1} = (1 + z)g_n$ und bei Fortsetzung durch $g_n = (1 + z)^n g_0$.

Aus Gerechtigkeitsgründen sollen auf zu große Guthaben Steuern erhoben werden. Die Idee dabei ist, einfach den Zinssatz mit steigendem Guthaben sinken zu lassen und den Rest abzuschöpfen. Nach der Formel

$z = z_0(1 - g/G)$,

mit einem Basiszinssatz z_0, werden die Einlagen g mit dem Zinssatz z verzinst. Wird das Standardguthaben G erreicht, sinken die Zinsen auf Null, für Guthaben g oberhalb von G würden negative Zinsen erhoben. Dadurch ergibt sich folgendes Entwicklungsgesetz:

$$g_{n+1} = (1 + z_0(1 - g_n/G))g_n = (1 + z_0)g_n - \frac{z_0}{G}g_n^2.$$

Was geschieht bei Wahl eines Basiszinsatzes z_0, der geringer ist als *200 %*?Mit einer drastischen Erhöhung des Basiszinssatzes wäre größere "soziale Gerechtigkeit" herzustellen. Was aber passiert bei einem Basiszinssatz von mehr als *200 %* oder gar von *245 %*? Bei welchem Basiszinssatz ergibt sich Chaos? Testen Sie verschiedene Werte von z_0! Die Höhe des Standardguthabens G ist für die Resultate unerheblich.

Quelle: *Peitgen / Richter [1984], S. 28.*

Erläuterungen und Lösungen zu Kapitel 7

Sekanten- und Newton-Verfahren

Beispiel 7.1.3: Das Sekantenverfahren konvergiert beispielsweise nicht mit $x^{(0)} = -3.$, $x^{(1)} = -2$. *(Achsenbegrenzung : $x \in [-3.5, 20.]$, Y-Intervallgrenzen unbestimmt).*

Beispiel 7.1.6: Die folgenden Startwerte bewirken Konvergenz gegen die nebenstehenden Fixpunkte.

$x_0 = 1.75 \quad \Rightarrow x^* = 2\pi$
$x_0 = 1.90 \quad \Rightarrow x^* = 4\pi$
$x_0 = 1.95 \quad \Rightarrow x^* = 0$
$x_0 = 2.00 \quad \Rightarrow x^* = \pi.$

Beispiel 7.1.7: Der Faktor m der Iterationformel (7.6) des modifizierten Newton-Verfahrens sollte gleich der Ordnung k der jeweiligen Nullstelle sein. Wählt man somit in Beispiel a) $m = 2$ und in Beispiel b) $m = 5$, so ist die Konvergenzgeschwindigkeit am größten. Der Grafik für Beispiel b) kann man ferner entnehmen, daß die Iterationsfolge offenbar umso schneller konvergiert, je geringer die Differenz zwischen m und k ist.

Fixpunkiteration

Beispiel 7.2.5: a) $g(x^{(j)}) = -\ln(x^{(j)})$ ist auf $[0, 1]$ keine Selbstabbildung. Man findet nicht einmal eine Umgebung des Fixpunktes, in der wenigstens (7.13) angewendet werden könnte.

b) Man kann aufgrund der Gültigkeit von Relation (7.13) Konvergenz in der Nähe der Lösung x^* erreichen.

c) $g : [0, 1] \rightarrow \left[\frac{1}{2}, \frac{1}{2}(1 + \frac{1}{e})\right] \subset [0, 1],$

$g'(x) = \frac{1}{2}(1 - e^{-x}) \Rightarrow \max_{x \in [0,1]} \frac{1}{2}(1 - e^{-x}) = \frac{1}{2}(1 - \frac{1}{e}) =: q < 1.$

Die Voraussetzungen des Fixpunktsatzes sind erfüllt.

d) Überzeugen Sie sich mit *Programm 1.1*, daß g auf $[0, 1]$ selbstabbildend ist. Für die Kontraktionsbedingung (7.12) errechnet sich:

$$g'(x) = \frac{3}{5}(\frac{2}{3} - e^{-x}) = \frac{2}{5} - \frac{3}{5}e^{-x} \Rightarrow \max_{x \in [0,1]} |g'(x)| \approx \frac{1}{5} < 1.$$

Auch in diesem Falle liegt Konvergenz vor, die Konvergenzgeschwindigkeit ist mit dieser Iterationfunktion offenbar am größten.

Die Wahl der Iterationsfunktion ist sowohl für die Konvergenz selbst, als auch für die Konvergenzgeschwindigkeit von entscheidender Bedeutung.

Die Konvergenzgeschwindigkeit ist umso größer, je kleiner $|g'(x^*)|$ ist. Sollte $|g'(x^*)| = 0$ gelten, so wäre die Fixpunktiteration sogar quadratisch konvergent. Dies kann direkt aus Gleichung (7.16) gefolgert werden, die sich für zweimal stetig differenzierbares g mit der Taylor-Entwicklung ergibt.

Beispiel 7.2.6: Die Fixpunktiteration ist divergent, die Iterationen verlassen das Intervall zwischen den beiden Nullstellen von g jedoch nicht. Vgl. die *Beispiele 7.2.8 - 7.2.10*.

Das Steffensen-Verfahren konvergiert hingegen, da die Voraussetzungen (7.17) und (7.18) für die dreimal stetig differenzierbare Funktion g, beispielsweise im Intervall *[-9, 1]* erfüllt sind.

Bifurkation und Chaos

Beispiel 7.2.7: g hat auf *[0, 1]* ein absolutes Maximum bei $x_e = 0.5$, $g(0.5) = a/4$. Da $g(x) \geq 0$ ist für $x \in$ *[0, 1]*, folgt, daß g selbstabbildend ist für $a \leq 4$.
Nun ist $\max_{x \in [0,1]} |g'(x)| = a$,

und für $a < 1$ sind die Bedingungen des Banachschen Fixpunktsatzes erfüllt.

Beispiel 7.2.9: Bei einem Zinssatz unter *200%* ist G ein anziehender Fixpunkt. Alle Guthaben würden sich im Laufe der Jahre auf diesen Betrag zubewegen. Wie schnell die Sparguthaben auf diese Standardhöhe gelangen, hängt von z_0 ab. Auf jeden Fall wäre "soziale Gerechtigkeit" hergestellt. Oberhalb von *200%* haben wir jedoch eine Bifurkation, das periodische Hin- und Her zwischen zwei verschiedenen Guthaben, ab *245%* bekommen wir sogar ein Pendeln zwischen vier verschiedenen Guthaben, ab *254%* zwischen acht und bei *257%* entsteht Chaos, ein regelloses Schwanken. Der Sparer kann beim besten Willen nicht mehr voraussehen, über welches Guthaben er in der kommenden Periode verfügen wird.

Aus dem umseitigen Schaubild können die Bifurkationswerte des Parameters in etwa abgelesen werden.

7 Nullstellenprobleme

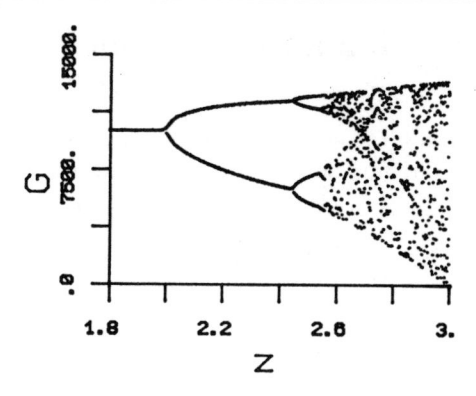

Bild 12

Literatur zum 7. Kapitel

Müllges-Engeln / Reutter [1987], Niederdrenk / Yserentant [1987], Stoer [1989], Törnig [1979].

8 Nichtlineare Gleichungssysteme

Im Unterschied zu Kapitel 7 werden mehrdimensionale Gleichungssysteme behandelt. Allerdings ist nur der zweidimensionale Fall zur Veranschaulichung geeignet.

8.0 Mathematische Einführung

Problemstellung

Gesucht werden Lösungen des nichtlinearen Gleichungssystems

$$f_1(x_1, x_2, \ldots, x_n) = 0$$
$$f_2(x_1, x_2, \ldots, x_n) = 0$$
$$\vdots \qquad \vdots \qquad \qquad (8.1)$$
$$f_n(x_1, x_2, \ldots, x_n) = 0,$$

in vektorieller Schreibweise: $\mathbf{f}(\mathbf{x}) = 0$, mit $\mathbf{f} := (f_1, f_2, \ldots, f_n) : \mathbb{R}^n \to \mathbb{R}^n$ und $\mathbf{x} = (x_1, x_2, \ldots, x_n)$.

Zur Lösung des Problems werden in VISU folgende Verfahren behandelt.

A. Gesamtschrittverfahren

Für dieses Verfahren müssen die Gleichungen (8.1) wieder auf die bekannte *Fixpunktform* gebracht werden:

$$x_1 = g_1(x_1, x_2, \ldots, x_n)$$
$$x_2 = g_2(x_1, x_2, \ldots, x_n)$$
$$\vdots \qquad \vdots \qquad \qquad (8.2)$$
$$x_n = g_n(x_1, x_2, \ldots, x_n)$$

oder in der vektoriellen Schreibweise $\mathbf{x} = \mathbf{g}(\mathbf{x})$, $\mathbf{x} \in \mathbb{R}^n$, $\mathbf{g} : \mathbb{R}^n \to \mathbb{R}^n$.

Die Iterationsvorschrift ist die bekannte Gleichung (5.1), die wir dieses Mal ausschreiben wollen:

$$x_1^{(j+1)} = g_1(x_1^{(j)}, x_2^{(j)}, \ldots, x_n^{(j)})$$
$$x_2^{(j+1)} = g_2(x_1^{(j)}, x_2^{(j)}, \ldots, x_n^{(j)})$$
$$\vdots$$
$$x_n^{(j+1)} = g_n(x_1^{(j)}, x_2^{(j)}, \ldots, x_n^{(j)}),$$

8 Nichtlineare Gleichungssysteme

also $\mathbf{x}^{(j+1)} = \mathbf{g}(\mathbf{x}^{(j)})$.

Für die Konvergenz des Verfahrens gegen den eindeutig bestimmten Fixpunkt $\mathbf{x}^* \in \mathbb{R}^n$ gelten die Bedingungen des Banachschen Fixpunktsatzes (5.3) und (5.4) bzw. (5.6) sowie die Fehlerabschätzungen (5.8) und (5.9).

Die Konvergenzbedingungen sind offensichtlich normabhängig.

B. Einzelschrittverfahren

Die Gleichungen (8.1) müssen ebenfalls auf Fixpunktform gebracht werden. Im Unterschied zum Gesamtschrittverfahren benutzt man die bereits bestimmten Komponenten zur Berechnung der noch fehlenden. Die Iterationsvorschrift lautet:

$$x_1^{(j+1)} = g_1(x_1^{(j)}, x_2^{(j)} \ldots \ldots \ldots \ldots \ldots, x_n^{(j)})$$

$$x_2^{(j+1)} = g_2(x_1^{(j+1)}, x_2^{(j)}, \ldots \ldots \ldots \ldots, x_n^{(j)})$$

$$x_3^{(j+1)} = g_3(x_1^{(j+1)}, x_2^{(j+1)}, x_3^{(j)}, \ldots \ldots \ldots, x_n^{(j)})$$

$$\vdots \qquad (8.3)$$

$$x_k^{(j+1)} = g_k(x_1^{(j+1)}, \ldots, x_{k-1}^{(j+1)}, x_k^{(j)}, \ldots \ldots, x_n^{(j)})$$

$$x_n^{(j+1)} = g_n(x_1^{(j+1)}, \ldots \ldots \ldots \ldots, x_{n-1}^{(j+1)}, x_n^{(j)}).$$

Die Konvergenzbedingungen des Gesamtschrittverfahrens gelten selbstverständlich auch für das Einzelschrittverfahren. Eine schnellere Konvergenz ist für das Einzelschrittverfahren jedoch nicht unbedingt gewährleistet.

C. Newton-Verfahren

Analog zum eindimensionalen Fall ergibt sich für das Newton-Verfahren:

$$\mathbf{x}^{(j+1)} = \mathbf{x}^{(j)} - \mathbf{J}_f(\mathbf{x}^{(j)})^{-1} \mathbf{f}(\mathbf{x}^{(j)}) \quad , j = 0, 1, 2, \ldots \qquad (8.4)$$

$\mathbf{J}_f$ ist wieder die Jacobi-Matrix (5.7) von $\mathbf{f}$. Damit die Jacobi-Matrix nicht in jedem Schritt invertiert werden muß, definiert man $\mathbf{z}^{(j)} = \mathbf{x}^{(j+1)} - \mathbf{x}^{(j)}$ und löst das lineare Gleichungssystem

$$\mathbf{J}_f(\mathbf{x}^{(j)}) \mathbf{z}^{(j)} = \mathbf{f}(\mathbf{x}^{(j)})$$

D. Vereinfachtes Newton-Verfahren

$$\mathbf{x}^{(j+1)} = \mathbf{x}^{(j)} - \mathbf{J}_f(\mathbf{x}^{(0)})^{-1} \mathbf{f}(\mathbf{x}^{(j)}) \quad , j = 0, 1, 2, \ldots \qquad (8.5)$$

Wie im eindimensionalen Fall sind die beiden Newton-Verfahren nur lokal konvergent.

Für die beiden folgenden Verfahren, das **modifizierte Newton-Verfahren** und das **Verfahren des steilsten Abstiegs**, sind einige einleitende Erläuterungen erforderlich. Bei beiden Methoden wird das vorliegende Nullstellenproblem (8.1) in eine Optimierungsaufgabe verwandelt. Dabei wird versucht, die Funktion

$$h(\mathbf{x}) := \|\mathbf{f}(\mathbf{x})\|_2^2 = \sum_{i=1}^{n} f_i^2(\mathbf{x}) \tag{8.6}$$

zu minimieren oder wenigstens zu erreichen, daß $h(\mathbf{x}^{(j+1)}) \le h(\mathbf{x}^{(j)})$ wird.

Die Äquivalenz beider Probleme, der Nullstellensuche in (8.1) und der Minimierung von (8.6), wird durch folgenden Hilfssatz bewiesen.

Hilfssatz 1: Unter der Voraussetzung, daß $det\,(\mathbf{J}_f(\mathbf{x}^*)) \ne 0$ ist, gelten die Äquivalenzbeziehungen:

$\mathbf{f}(\mathbf{x}^*) = \mathbf{0} \Leftrightarrow h(\mathbf{x}^*) \le h(\mathbf{x}) \;\;\forall\, \mathbf{x} \in \mathbb{R}^n \Leftrightarrow \nabla h(\mathbf{x}^*) = \mathbf{0}$

Beweis: "$\Rightarrow$": $\mathbf{f}(\mathbf{x}^*) = \mathbf{0} \Rightarrow h(\mathbf{x}^*) = 0 \Rightarrow h(\mathbf{x}^*) \le h(\mathbf{x}) \;\;\forall\, \mathbf{x} \in \mathbb{R}^n$
$\Rightarrow \nabla h(\mathbf{x}^*) = \mathbf{0}.$

"$\Leftarrow$":
Sei $\nabla h(\mathbf{x}^*) = \mathbf{0}$. Wegen

$$\nabla h(\mathbf{x}^*) = \nabla (\sum_{i=1}^{n} f_i^2)(\mathbf{x}^*) = 2 \sum_{i=1}^{n} \nabla f_i(\mathbf{x}^*)\, f_i(\mathbf{x}^*) = 2\, \mathbf{J}_f^T(\mathbf{x}^*)\, \mathbf{f}(\mathbf{x}^*)$$

$\Rightarrow \mathbf{f}(\mathbf{x}^*) = \mathbf{0}$ (da $det\,(\mathbf{J}_f(\mathbf{x}^*)) \ne 0$).

Das bedeutet, daß das Gleichungssystem (8.1) gelöst ist, wenn es gelingt die Funktion $h(\mathbf{x})$ zu minimieren. Bei numerischen Optimierungsverfahren wird in der Regel abgefragt, ob der Gradient der zu minimierenden Funktion Null wird, was aber nach Hilfssatz 1 ebenfalls mit der Nullstellensuche in (8.1) äquivalent ist. Offen bleibt die Frage, welche *Suchrichtung* man im $\mathbb{R}^n$ wählen muß, um vom Startvektor aus dem Minimum der Funktion näher zu kommen.

In der Optimierung nennt man $\mathbf{s}(\mathbf{x}) \in \mathbb{R}^n$ eine *"Abstiegsrichtung in $\mathbf{x}$"*, falls ein $t_0 > 0$ existiert, so daß gilt:

$h(\mathbf{x} - t\,\mathbf{s}(\mathbf{x})) < h(\mathbf{x}), \;\; t \in (\,0, t_0\,].$ \hfill (8.7)

Eine reelle Zahl $t > 0$, die dieser Relation Genüge leistet, heißt *Schrittweite*.

Der folgende Hilfssatz 2 liefert ein Kriterium für das Finden einer Abstiegsrichtung.

Hilfssatz 2: $\mathbf{s}(\mathbf{x}) \in \mathbb{R}^n$ ist eine Abstiegsrichtung in $\mathbf{x}$, falls $\nabla h(\mathbf{x})^T \mathbf{s}(\mathbf{x}) > 0$ ist.

8 Nichtlineare Gleichungssysteme

Dies ist unmittelbar einsehbar, denn wegen

$$\frac{h(\mathbf{x} - t\,\mathbf{s}(\mathbf{x})) - h(\mathbf{x})}{t} \to -\nabla h(\mathbf{x})^T \mathbf{s}(\mathbf{x}) \qquad \text{für } t \geq 0 \text{ und } t \to 0$$

ist die Bedingung $h(\mathbf{x} - t\,\mathbf{s}(\mathbf{x})) < h(\mathbf{x})$ für ein genügend kleines t erfüllt.

Wir kommen nun zu den beiden Verfahren:

E. Modifiziertes Newton-Verfahren

Die Verfahrensvorschrift lautet in der allgemeinen Form:

$$\mathbf{x}^{(j+1)} = \mathbf{x}^{(j)} - \tau_j\, \mathbf{J}_f(\mathbf{x}^{(j)})^{-1}\, \mathbf{f}(\mathbf{x}^{(j)}) \quad , j = 0, 1, 2, \dots \tag{8.8}$$

mit $\tau_j \in [0, 1]$, $\tau_j = 2^{-k}$ mit k als kleinster, nichtnegativer ganzer Zahl, mit der gilt:

$$h(\mathbf{x}^{(j)}) - h(\mathbf{x}^{(j)} - 2^{-k}\,\mathbf{s}(\mathbf{x}^{(j)})) > 0. \tag{8.9}$$

Die Wahl der Schrittweite τ_j läßt sich folgendermaßen motivieren: Das Nullstellenproblem wird zunächst in die Optimierungsaufgabe umformuliert, die in (8.6) definierte Funktion h zu minimieren. Als Suchrichtung wählt man offenbar $\mathbf{s}(\mathbf{x}) := \mathbf{J}_f(\mathbf{x})^{-1}\, \mathbf{f}(\mathbf{x})$. Dabei handelt es sich nach Hilfssatz 2 um eine Abstiegsrichtung, denn es gilt:

$$\nabla h(\mathbf{x}^{(j)})^T\, \mathbf{s}(\mathbf{x}^{(j)}) = 2\,\mathbf{f}(\mathbf{x}^{(j)})^T\, \mathbf{J}_f(\mathbf{x}^{(j)})\, \mathbf{J}_f(\mathbf{x}^{(j)})^{-1}\, \mathbf{f}(\mathbf{x}^{(j)})$$

(siehe Bew. Hilfssatz 1)

$$= 2\,\mathbf{f}(\mathbf{x}^{(j)})^T\, \mathbf{f}(\mathbf{x}^{(j)}) = 2\,\|\mathbf{f}(\mathbf{x})\|_2^2 = 2\,h(\mathbf{x}^{(j)}) > 0$$

für $h(\mathbf{x}^{(j)}) \neq 0$.

Durch die Wahl der Schrittweite wird ein tatsächlicher Abstieg garantiert. Dennoch ist für das modifizierte Newton-Verfahren mit dieser Schrittweitenstrategie nur eine lokale Konvergenz sichergestellt.

Man bestimmt $\tau_j = 2^{-k}$ nur bis k_{max} mit $0 \leq k \leq k_{max}$. Sollte die Relation (8.9) dann immer noch nicht erfüllt sein, rechnet man mit $k = 0$, also dem Newton-Schritt weiter. Für verschiedene Werte von k_{max} kann das Verfahren gegen unterschiedliche Lösungen konvergieren. Von *Müllges-Engeln / Reutter [1987]* wird die Wahl von $k_{max} = 4$ empfohlen, ein Wert, der auch in VISU benutzt wird.

Ist $\mathbf{x}^{(j)}$ nahe genug an der Lösung $\mathbf{x}^*$, so läßt sich zeigen, daß die Relation (8.9) stets für $k = 0$ und $\tau_j = 1$ erfüllt ist, was bedeutet, daß der Newton-Schritt (8.4) durchgeführt wird.

F. Verfahren des steilsten Abstiegs (Gradientenverfahren)

Beim Verfahren des steilsten Abstiegs, auch Gradientenverfahren genannt, formuliert man das vorliegende Nullstellenproblem (8.1) ebenfalls in die Optimierungsaufgabe um, die mit (8.6) definierte Funktion h zu minimieren.

Die Verfahrensvorschrift lautet:

$$x^{(j+1)} = x^{(j)} - \iota_j \nabla h(x^{(j)}) \tag{8.10}$$

mit der Schrittweite ι_j und der Suchrichtung $s(x^{(j)}) = \nabla h(x^{(j)})$. $s(x)$ ist damit nach Hilfssatz 2 eine Abstiegsrichtung, denn es es ist

$$\nabla h(x)^T s(x) = \nabla h(x)^T \nabla h(x) > 0 \quad (\text{für } \nabla h(x) \neq 0).$$

Als Schrittweite wird gewählt:

$$(S\,1) \quad \iota_j = \frac{h(x^{(j)})}{\|\nabla h(x^{(j)})\|_2^2}$$

Das Verfahren des steilsten Abstiegs lautet damit:

$$x^{(j+1)} = x^{(j)} - \frac{h(x^{(j)})}{\|\nabla h(x^{(j)})\|_2^2} \nabla h(x^{(j)}) \qquad j = 0, 1, 2, \ldots \tag{8.11}$$

Für das Verfahren des steilsten Abstiegs kann mit dieser Schrittweite ebenfalls nur lokale Konvergenz nachgewiesen werden. Als Vorteil gegenüber dem Newton-Verfahren entfällt die Notwendigkeit, in jedem Iterationsschritt ein lineares Gleichungssystem lösen zu müssen.

Im folgenden werden zwei Schrittweitenstrategien vorgestellt, mit denen mehr als die lokale Konvergenz des Gradientenverfahrens zu erreichen ist. Die Strategien lauten:

(S 2) : Man bestimme ι_j so, daß gilt:

$$h(x^{(j)} - \iota_j s(x^{(j)})) = \min_{\iota \in [0,1]} h(x^{(j)} - \iota s(x^{(j)})) \tag{8.12}$$

Diese Schrittweite nennt man auch *Minimumschrittweite* oder *exakte Schrittweite*.

(S 3) Man bestimme $\iota_j = 2^{-k}$ mit k als kleinster nichtnegativer ganzer Zahl, so daß mit festem $\beta \in (0, 1)$ gilt:

$$h(x^{(j)}) - h(x^{(j)} - 2^{-k} s(x^{(j)})) \geq \beta\, 2^{-k} \nabla h(x^{(j)})^T s(x^{(j)}) \tag{8.13}$$

Die auf diese Art bestimmte Schrittweite ι_j nennt man *Armijo-Schrittweite*. Die Armijo-Schrittweite existiert immer, da

$$\frac{h(x) - h(x - \iota s(x))}{\iota} \to \nabla h(x)^T s(x) \quad \text{für } \iota \to 0.$$

8 Nichtlineare Gleichungssysteme

Falls eine Lösung des Minimierungsproblems (8.6) existiert, kann man für das Gradientenverfahren mit den Schrittweitenstrategien *(S 2)* und *(S 3)* folgendes zeigen (Vgl. *Mc Cormack [1984]*):

a) Für jeden Häufungspunkt x^* von $\{x^{(j)}\}$ gilt: $\nabla h\,(x^*) = 0$. Unter der Voraussetzung, daß $\det(J_f(x^*)) \neq 0$ ist, wäre x^* damit auch eine Lösung von (8.1).

b) Falls genau eine Lösung x^* mit $\nabla h\,(x^*) = 0$ existiert, konvergiert die Iterationsfolge gegen x^*.

Letzteres bedeutet die globale Konvergenz für jeden Startwert $x^{(0)} \in \mathbf{R}^n$. Die exakte Schrittweite *(S 2)* ist numerisch nur über die Lösung eines weiteren Minimierungsproblems zu berechnen und bietet sich daher für die praktische Lösung weniger an als Strategie *(S 3)*.

Die beiden genannten Schrittweitenstrategien können auch für das modifizierte Newton-Verfahren verwendet werden. In VISU werden allerdings die Strategien (8.9) und (8.11) gewählt.

G. Newtonsches Einzelschrittverfahren

Wie aus dem Namen bereits hervorgeht, handelt es sich um eine Kombination aus Newton- und Einzelschrittverfahren. Die Verfahrensvorschrift berechnet sich komponentenweise folgendermaßen:

$$x_i^{(j+1)} = x_i^{(j)} - \frac{f_i(x_1^{(j+1)}, \ldots, x_{i-1}^{(j+1)}, x_i^{(j)}, x_{i+1}^{(j)}, \ldots, x_n^{(j)})}{(\partial f_i(x_1^{(j+1)}, \ldots, x_{i-1}^{(j+1)}, x_i^{(j)}, x_{i+1}^{(j)}, \ldots, x_n^{(j)}))/\partial x_i^{(j)}} \quad (8.16)$$

$$i = 1, 2, \ldots, n, \qquad j = 1, 2, \ldots$$

Der Rechenaufwand ist weitaus geringer als beim Newton-Verfahren, allerdings ist nicht einmal die lokale Konvergenz garantiert.

Konvergenzordnung

Analog zum eindimensionalen Fall (7.12) definieren wir: Ein Iterationsverfahren heißt *konvergent von der Ordnung p*, wenn die Iterationsfolge $x^{(j)}$ gegen die Lösung x^* konvergiert und es eine nichtnegative reelle Zahl c gibt mit

$$\|x^{(j+1)} - x^*\| \leq c\,\|x^{(j)} - x^*\|^p\ .$$

Durch Verallgemeinerung der eindimensionalen Ergebnisse können wir für folgende Verfahren bereits die Konvergenzordnung angeben.

Einzel- / Gesamtschrittverfahren: $p = 1$
Newton-Verfahren: $p = 2$
Vereinfachtes Newton-Verfahren: $p = 1$.

Von den übrigen Verfahren ist das modifizierte Newton-Verfahren ebenfalls quadratisch konvergent, wogegen beim Verfahren des steilsten Abstiegs und beim Newtonschen Einzelschrittverfahren nur lineare Konvergenz vorliegt.

Berechnungsaufwand der Verfahren

Das Newton-Verfahren hat wie im eindimensionalen Fall den Nachteil, daß es nur lokal konvergent und sehr aufwendig zu berechnen ist. In jedem Iterationsschritt muß nicht nur ein lineares Gleichungssystem gelöst, sondern auch die Jacobi-Matrix neu berechnet werden. Durch sogenanntes "Updating", das neue Berechnen der Jacobi-Matrix etwa nur in jedem zehnten Schritt, kann jedoch Abhilfe geschaffen werden. Dieser hohe Rechenaufwand gilt für das modifizierte Newton-Verfahrenerst erst recht.

Relativ aufwendig zu berechnen ist auch das Verfahren des steilsten Abstiegs, obwohl für den Gradienten nicht so viele partielle Ableitungen neu berechnet werden müssen wie für die Jacobi-Matrix.

Das Newtonsche Einzelschrittverfahren wird dagegen relativ einfach berechnet.

Insgesamt werden sämtliche Verfahren in einer Zusammenfassung in den Erläuterungen zu den Beispielen am Ende des Kapitels miteinander vergleichen.

8 Nichtlineare Gleichungssysteme

8.1 Modifiziertes Newton-Verfahren / Verfahren des steilsten Abstiegs im Höhenliniendiagramm

Die beiden Verfahren (8.8) (mit Schrittweitenstrategie (8.9)) und (8.11) können in ihrer jeweiligen Funktionsweise im Höhenliniendiagramm verfolgt oder bezüglich ihrer Iterationsfolge miteinander verglichen werden. Die Höhenlinien gehören zur Funktion $h(x_1, x_2) = \| f(x_1, x_2) \|_2^2$, $x_1, x_2 \in \mathbb{R}$.

Programmabfragen mit Standardbeispiel

Funktion:	$f_1(x_1, x_2) = 10(x_2 - x_1^2)$	
	$f_2(x_1, x_2) = 1 - x_1$	
X1-Intervallgrenzen:	$[-3, 2]$	
X2-Intervallgrenzen:	$[-7, 7]$	
Z-Intervallgrenzen:	$[0, 10000]$	
Anzahl der Höhenlinien:	51	(2 - 150)
Verfahren des steilsten Abstiegs:	Ja	(J / N)
Modifiziertes Newton-Verfahren:	Nein	(J / N)
Partielle Ableitung von h:	$\partial h / \partial x_1 = -400 x_1 (x_2 - x_1^2) - 2(1 - x_1)$	
	$\partial h / \partial x_2 = 200 (x_2 - x_1^2)$	
Jacobi-Matrix:	$\partial f_1 / \partial x_1 = -20 x_1$	
	$\partial f_2 / \partial x_2 = 10$	
	$\partial f_1 / \partial x_1 = -1$	
	$\partial f_2 / \partial x_2 = 0$	
Einzeichnen der Newton-Schritts:	Nein	(J / N)
Startwerte:	$x_1^{(0)} = -1.6$	
	$x_2^{(0)} = 0.5$	
Anzahl der Iterationen:	100	(1 - 200).

Sowohl die X1- und die X2- als auch die Z-Intervallgrenze können unbestimmt bleiben. In diesem Fall werden die Intervalle vom Programm so groß berechnet, daß alle Iterationspunkte enthalten sind.

Der Newton-Schritt $x^{(j+1)} = x^{(j)} - s(x^{(j)}) = x^{(j)} - J_f(x^{(j)})^{-1} f(x^{(j)})$ kann für das modifizierte Newton-Verfahren eingezeichnet werden. Wird das Verfahren des steilsten Abstiegs gewählt, müssen die partiellen Ableitungen von h angegeben werden. Die Jacobi-Matrix wird für das modifizierte Newton-Verfahren benötigt.

Im Standardbeispiel hat die Funktion h folgendes Aussehen:

$h(x_1, x_2) = 100(x_2 - x_1^2)^2 + (1 - x_1)^2$.

Die gewählte Funktion f hat die offensichtliche Nullstelle $(1, 1)$. Trotz ihrer Einfachheit eignet sie sich hervorragend für numerische Experimente.

Quelle: *Maess /1988/*.

Beispiel 8.1.1 Verfahren des steilsten Abstiegs

Betrachten Sie nur das Verfahren des steilsten Abstiegs mit der Funktion aus dem Standardbeispiel.

$x_1 \in [-2, 1]$, $x_2 \in [-0.5, 1.5]$, $z \in [0, 500]$, *51 Höhenlinien, Startwert und Anzahl der Iterationen wie im Standardbeispiel.*

Obwohl das Gleichungssystem eine so leicht zu berechnende Lösung besitzt, braucht das Verfahren des steilsten Abstiegs sehr lange bis es einigermaßen brauchbare Werte liefert. Das wird schon am Standardbeispiel deutlich, in dem das Modifizierte Newton-Verfahren im Vergleich erheblich schneller konvergiert. Wie ist die schlechte Konvergenz in diesem Fall zu erklären?

Das Verfahren des steilsten Abstiegs schneidet nicht nur in diesem Beispiel schlecht ab, es liefert im Vergleich zu den meisten der übrigen vorgestellten Verfahren in vielen Fällen unbefriedigende Resultate. Man benutzt es daher in aller Regel nur zur Suche eines geeigneten Startwertes für das Newton-Verfahren.

Am Beispiel ist deutlich zu erkennen, woher das Verfahren seinen Namen hat. Vom gegenwärtigen Iterationspunkt aus sucht es sich auf der Funktion h tatsächlich die Richtung des steilsten Abstiegs, was sich in der Grafik daran festmacht, daß die Iterationsfolge senkrecht zu den nächstgelegenen Höhenlinien von h verläuft. Allerdings schießt das Verfahren dabei mitunter über das Ziel hinaus: nach einem steilen Abstieg kann es sofort wieder einen Aufstieg geben.

Es ist zu beachten, daß die linear verbundenen Iterationspunkte in der Grafik nur dann senkrecht zu den Höhenlinien verlaufen, wenn der Maßstab, also die Anzahl der Achseneinheiten pro Zentimeter für die X_1- und X_2-Richtung gleich groß ist.

Eine erheblich schnellere Konvergenz des Verfahrens des steilsten Abstiegs kann man sich bei Anwendung der Minimumschrittweite, also der Strategie (8.11) erhoffen. In diesem Fall würde der Abstieg in der eingeschlagenen Richtung tatsächlich nur bis zum jeweils kleinsten Wert verlaufen. Allerdings wurde schon darauf hingewiesen, daß die Minimumschrittweite in aller Regel- und das gilt auch für dieses Beispiel- nur unter sehr großem Aufwand numerisch zu bestimmen ist.

Falls man näher betrachten möchte, wie das Verfahren in den Bereichen verläuft, in denen wegen der zu groben Rasterung keine Höhenlinien gezeichnet

8 Nichtlineare Gleichungssysteme

werden, so wähle man einen kleineren Bildausschnitt und ein kleineres Z-Intervall, z.B.:

$x_1 \in [-1.2, -0.4]$, $x_2 \in [0.4, 0.9]$, $z \in [0, 100]$, 51 Höhenlinien

oder

$x_1 \in [0, 0.9]$, $x_2 \in [0.2, 0.8]$, $z \in [0, 50]$, 51 Höhenlinien.

Beispiel 8.1.2 Funktionsweise des Modifizierten Newton-Verfahrens

Betrachten Sie beim Standardbeispiel nur das *Modifizierte Newton-Verfahren mit Newtonschritt*.

Von jedem Iterationspunkt $(x_1^{(j)}, x_2^{(j)})$ wird in grüner Farbe eine Verbindungslinie zum Endpunkt des Vektors $\mathbf{x}^{(j)} - \mathbf{s}(\mathbf{x}^{(j)}) = \mathbf{x}^{(j)} - \mathbf{J}_g(\mathbf{x}^{(j)})^{-1} \mathbf{f}(\mathbf{x}^{(j)})$ gezogen. Ist $h(\mathbf{x}^{(j)} - \mathbf{s}(\mathbf{x}^{(j)}))$ (Funktionswert am Endpunkt der grünen Linie) kleiner als $h(\mathbf{x}^{(j)})$, so wird $\mathbf{x}^{(j+1)} = \mathbf{x}^{(j)} - \mathbf{s}(\mathbf{x}^{(j)})$, die grüne Linie wird rot überfärbt und man macht den normalen Newton-Schritt. Andernfalls wird die grüne Linie halbiert, man gelangt zu $\mathbf{x}^{(j)} - 1/2\, \mathbf{s}(\mathbf{x}^{(j)})$ und fragt, ob dessen Funktionswert kleiner ist als $h(\mathbf{x}^{(j)})$. Dies wird so lange mit Halbierungen fortgesetzt, bis ein kleinerer Funktionswert als der von $h(\mathbf{x}^{(j)})$ gefunden ist. Sollte dies nach vier Halbierungen nicht der Fall sein, wird abgebrochen und der Newton-Schritt genommen. Jede Halbierung der Strecke wird mit einer grünen Markierung versehen, der Teil der grünen Linie, der den Iterationsschritt ausmacht, wird rot überfärbt.

8.2 Iterationsfolge verschiedener Verfahren im Vergleich

Die beiden impliziten Teilfunktionen $f_1(x_1, x_2) = 0$ und $f_2(x_1, x_2) = 0$ einer beliebigen Funktion $\mathbf{f} := (f_1, f_2) : \mathbb{R}^2 \to \mathbb{R}^2$ werden in der X_1-X_2-Ebene gezeichnet. Die Schnittpunkte der beiden Kurven sind die Lösungen des Gleichungssystems $\mathbf{f}(x_1, x_2) = 0$.

Neben den Lösungskurven- und punkten können die Iterationssequenzen aller behandelten Verfahren von einem beliebigen Startwert ausgehend in die Grafik eingezeichnet werden. Konvergenz und Konvergenzgeschwindigkeit einzelner Verfahren können geprüft und miteinander verglichen werden.

Programmabfragen mit Standardbeispiel

Gleichungssystem:	$f_1(x_1, x_2) = 2x_1^2 + x_2^2 - 1$	
	$f_2(x_1, x_2) = x_1^3 + 6x_1^2 x_2 - 1$	
X-Intervallgrenzen:	*[0.4, 1.6]*	
Y-Intervallgrenzen:	*[-0.8, 0.8]*	
Startwert:	$x_1^{(0)} = 0.6$ $\quad x_2^{(0)} = 0.5$	
Anzahl der Iterationen:	*100*	*(max. 300)*
Anzahl der zu vergleichenden Verfahren:	*7*	*(max. 7)*
Einzelschrittverfahren:	*Ja*	*(J/ N)*
Gesamtschrittverfahren:	*Ja*	*(J/ N)*
Newton-Verfahren:	*Ja*	*(J/ N)*
Vereinfachtes Newton-Verfahren:	*Ja*	*(J/ N)*
Modifiziertes Newton-Verfahren:	*Ja*	*(J/ N)*
Verfahren des steilsten Abstiegs:	*Ja*	*(J/ N)*
Newtonsches Einzelschrittverfahren:	*Ja*	*(J/ N)*

Zusätzliche Eingabe für die Verfahren
Iterationsfunktion: $\quad g_1(x_1, x_2) = (0.5(1 - x_2^2))^{1/2}$

$g_2(x_1, x_2) = (1 - x_1^3) / 6x_1^2$

Jacobi-Matrix: $\quad \partial f_1 / \partial x_1 = 4x_1$

$\partial f_1 / \partial x_2 = 2x_2$

$\partial f_2 / \partial x_1 = 3x_1^2 + 12 x_1 x_2$

$\partial f_2 / \partial x_2 = 6x_1^2$

Partielle Ableitungen der quadratischen Norm:

$\partial h / \partial x_1 = 8x_1(2x_1^2 + x_2^2 - 1) + (6x_1^2 + 24 x_1 x_2)(x_1^3 + 6x_1^2 x_2 - 1)$

$\partial h / \partial x_2 = 4x_2(2x_1^2 + x_2^2 - 1) + 12 x_1^2 (x_1^3 + 6x_1^2 x_2 - 1)$

Lösungskurven zeichnen:	*Ja*	*(J/ N)*
Auswertung der Lösungskurven:	*30*	*(10 - 50)*.

8 Nichtlineare Gleichungssysteme

Analog zu Programm 8.1 können sowohl die X1- als auch die X2-Intervallgrenzen unbestimmt bleiben. Soll der Iterationsverlauf sämtlicher Verfahren veranschaulicht werden, so sind eine ganze Reihe zusätzlicher Angaben notwendig. Für das Einzel- und Gesamtschrittverfahren müssen die Iterationsfunktionen, für alle Newton-Verfahren inclusive des Newtonschen Einzelschrittverfahrens die Jacobi-Matrix und für das Verfahren des steilsten Abstiegs die partiellen Ableitungen der quadrierten Norm von f eingegeben werden.

Das Verfahren des steilsten Abstiegs wird jeweils mit der Schrittweitenstrategie *(S 1)* berechnet.

Die Funktion h hat im Standardbeispiel folgendes Aussehen:

$$h(x_1, x_2) = (2x_1^2 + x_2^2 - 1)^2 + (x_1^3 + 6x_1^2 x_2 - 1)^2.$$

Es wird dem Benutzer überlassen, ob er die Lösungskurven und damit auch die Lösungspunkte miteinzeichnen möchte. Die Berechnung dieser Kurven erfordert sehr viel Rechenzeit - besonders mit den älteren Prozessoren.

Testen Sie die *Beispiele 8.2.1* bis *8.2.3* und werten Sie die Ergebnisse aus:

Beispiel 8.2.1

$f_1(x_1, x_2) = x_1^2 + x_2 - 11$, $f_2(x_1, x_2) = x_1 + x_2^2 - 7$,

$x_1 \in [-7, 7]$, $x_2 \in [-5, 12]$.

Startwerte: ①: $x_1^{(0)} = 1.$, $x_2^{(0)} = 1.$,

②: $x_1^{(0)} = 0.$, $x_2^{(0)} = 0.$,

③: $x_1^{(0)} = -0.5, x_2^{(0)} = -0.5$.

Anzahl der Iterationen: 50, Zeichnung aller Verfahren außer Einzel- und Gesamtschrittverfahren.

Jacobi-Matrix: $\partial f_1 / \partial x_1 = 2x_1$, $\partial f_1 / \partial x_2 = 1$,

$\partial f_2 / \partial x_1 = 1$, $\partial f_2 / \partial x_2 = 2x_2$,

Quadrierte Norm: $h(x_1, x_2) = (x_1^2 + x_2 - 11)^2 + (x_1 + x_2^2 - 7)^2$.

Partielle Ableitungen von h: $\partial h / \partial x_1 = 4x_1(x_1^2 + x_2 - 11) + 2(x_1 + x_2^2 - 7)$,

$\partial h / \partial x_2 = 2(x_1^2 + x_2 - 11) + 4x_2(x_1 + x_2^2 - 7)$.

Zeichnung der Lösungskurve: **Ja**.

Beispiel 8.2.2

$f_1(x, y) = x_1^2 - x_2^2 - 1$, $f_2(x_1, x_2) = (x_1 - 1)x_2 - 1$,

$x_1 \in [-5., 6.]$, $x_2 \in [-3., 6.]$

Startwerte: ①: $x_1^{(0)} = -0.5$, $x_2^{(0)} = 0.5$,

②: $x_1^{(0)} = 1.2$, $x_2^{(0)} = 0.25$,

③: $x_1^{(0)} = -0.5$, $x_2^{(0)} = 2$.

Anzahl der Iterationen: 100.

Zeichnung aller Verfahren, außer Einzel- und Gesamtschrittverfahren.

Jacobi-Matrix: $\partial f_1 / \partial x_1 = 2x_1$ $\partial f_1 / \partial x_2 = -2 x_2$

$\partial f_2 / \partial x_1 = x_2$ $\partial f_2 / \partial x_2 = x_1 - 1$.

Quadrierte Norm: $h(x_1, x_2) = (x_1^2 - x_2^2 - 1)^2 + ((x_1 - 1)x_2 - 1)^2$.

Partielle Ableitungen von h: $\partial h / \partial x_1 = 4x_1(x_1^2 - x_2^2 - 1) + 2x_2((x_1 - 1)x_2 - 1)$,

$\partial h / \partial x_2 = -4x_2(x_1^2 - x_2^2 - 1) + 2(x_1 - 1)((x_1 - 1)x_2 - 1)$.

Zeichnung der Lösungskurve: Ja

Beispiel 8.2.3

$f_1(x, x_2) = 10(x_2 - x_1^2)$,   , $f_2(x_1, x_2) = 1 - x_1$,

$x_1 \in [-3, 2]$, $x_2 \in [-7, 7]$,

Startwert: $x_1^{(0)} = -1.6$, $x_2^{(0)} = 0.5$,

Anzahl der Iterationen: 50,

Zeichnung aller Verfahren, außer Einzel- und Gesamtschrittverfahren.

Jacobi-Matrix: $\partial f_1 / \partial x_1 = -20x_1$ $\partial f_1 / \partial x_2 = 10$

$\partial f_2 / \partial x_1 = -1$ $\partial f_2 / \partial x_2 = 0$.

Quadrierte Norm: $h(x_1, x_2) = 100(x_2 - x_1^2)^2 + (1 - x_1)^2$.

Partielle Ableitungen von h: $\partial h / \partial x_1 = -400 x_1(x_2 - x_1^2) - 2(1 - x_1)$,

$\partial h / \partial x_2 = 200(x_2 - x_1^2)$.

Zeichnung der Lösungskurve: Ja.

Es handelt sich wieder um die schon aus den Programmen 1.4 und 8.1 bekannte"Bananenfunktion". Testen Sie auch den Startwerte *(3.4, -1.7)*!

Beispiel 8.2.4 Konvergenzbereich des Newtonschen Einzelschrittverfahrens

$$f_1(x_1, x_2) = x_1^2 + x_2^2 - 1 \quad , \quad f_2(x_1, x_2) = x_1^2 - x_2^2 + \frac{1}{2},$$

Newtonsches Einzelschrittverfahren, Newton-Verfahren.

Jacobi-Matrix: $\partial f_1 / \partial x_1 = 2x_1$ $\partial f_1 / \partial x_2 = 2x_2$

8 Nichtlineare Gleichungssysteme

$$\partial f_2 / \partial x_1 = 2x_1 \qquad \partial f_2 / \partial x_2 = -2x_2.$$

Zeichnung der Lösungskurve: Ja.

Testen Sie verschiedene Startwerte, auch in der Nähe der Lösung $x^* = (0.5, \sqrt{3}/2)$ und beurteilen Sie, ob das Newtonsche Einzelschrittverfahren konvergiert! Wählen Sie stets eine Begrenzung der Achsen.

Beispiel 8.2.5 Einzel- und Gesamtschrittverfahren (I)

$f_1(x, y) = x_1 - 0.1\,x_1^2 - 0.1\,x_2^2 - 0.8,$

$f_2(x_1, x_2) = -0.1x_1 - 0.1\,x_1\,x_2^2 + x_2 - 0.8.$

Iterationsfunktionen: $g_1(x, y) = 0.1\,x_1^2 + 0.1\,x_2^2 + 0.8,$

$\qquad\qquad\qquad g_2(x, y) = 0.1\,x_1 + 0.1x_1\,x_2^2 + 0.8.$

Startwerte: ①: $x_1^{(0)} = 0.6$, $x_2^{(0)} = 1.4$, $x_1 \in [0.5, 1.5]$, $x_2 \in [0.5, 1.5]$,

②: $x_1^{(0)} = -1.5$, $x_2^{(0)} = 3.7$, $x_1 \in [-2., 4.]$, $x_2 \in [-2., 4.]$.

Gibt es bemerkenswerte Unterschiede zwischen den Iterationen des Einzel- und des Gesamtschrittverfahrens?

Beispiel 8.2.6 Einzel- und Gesamtschrittverfahren (II)

Bei der Lösung des folgenden Problems liegt für das Einzel- und Gesamtschrittverfahren im gesamten $\mathbb{R}^2$ Konvergenz vor.

$$f_1(x_1, x_2) = x_1 - \frac{1}{3}\cos x_1 + \frac{1}{6}x_2 - \frac{1}{6}\sin x_2\ ,$$

$$f_2(x_1, x_2) = -\frac{1}{4}x_1 - \frac{1}{5}\cos x_2 + x_2 + \frac{1}{4}\sin x_1\ .$$

Iterationsfunktionen:

$$g_1(x_1, x_2) = \frac{1}{3}\cos x_1 - \frac{1}{6}x_2 + \frac{1}{6}\sin x_2\ ,$$

$$g_2(x_1, x_2) = \frac{1}{4}x_1 + \frac{1}{5}\cos x_2 - \frac{1}{4}\sin x_1\ .$$

Die Nullstelle liegt ungefähr bei *(0.32, 0.20)*. Auch wenn betragsmäßig sehr große Startwerte genommen werden, sind die Iterationen in wenigen Schritten am Ziel.

Erläuterungen und Lösungen zu Kapitel 8

Verfahren des steilsten Abstiegs

Beispiel 8.1.1: Das Problem besteht darin, daß die Iterationen des Verfahrens des steilsten Abstiegs immer über das eigentliche Minimum der Funktion hinausschießen. Das ist im Höhenliniendiagramm sehr deutlich zu sehen. Die hier zu minimierende Funktion hat außerdem die Eigenschaft, daß sie zum Minimum hin sehr stark abfällt. Das bedeutet für die Iterationen, daß sie sich - zumindest am Funktionswert gemessen - wieder relativ weit von der Lösung entfernen.

Vergleich der Verfahren

Die Ergebnisse der folgenden Beispiele werden zunächst einzeln zusammengefaßt und abschließend gemeinsam ausgewertet.

Beispiel 8.2.1: Wir stellen fest, daß mit Startwert ① außer dem vereinfachten Newton-Verfahren alle Verfahren konvergieren. Am schnellsten sind das Newton- und das modifizierte Newton-Verfahren, doch auch das Newtonsche Einzelschrittverfahren liefert recht zufriedenstellende Ergebnisse.

Mit Startwert ② werden zwei der partiellen Ableitungen gleich am Startwert Null. Daher kann das Newtonsche Einzelschrittverfahren nicht verwendet werden. Ähnliches gilt mit Startwert ③ für die Newton-Verfahren. Es ist leicht nachzurechnen, daß die Determinante der Jacobi-Matrix Null wird.

Beispiel 8.2.2: Die beiden Nullstellen liegen in etwa bei $x_{(1)}^* = (1.72, 1.40)$ und $x_{(2)}^* = (-1.11, -0.47)$.

Wir entnehmen der Grafik die folgenden Resultate:
Newton-Verfahren: mit Startwert ① Konvergenz gegen $x_{(2)}^*$, mit den beiden übrigen Startwerten Konvergenz gegen $x_{(1)}^*$.
Modifiziertes Newton-Verfahren: konvergiert jeweils gegen die gleichen Lösungen wie das Newton-Verfahren, teilweise jedoch schneller.
Vereinfachtes Newton-Verfahren: Konvergenz nur mit Startwert ① gegen $x_{(2)}^*$.
Verfahren des steilsten Abstiegs: sehr langsam, konvergiert mit den Startwerten ① und ③ gegen $x_{(2)}^*$, mit Startwert ② gegen $x_{(1)}^*$.
Newtonsches Einzelschrittverfahren: konvergiert jeweils gegen dieselbe Lösung wie das Verfahren des steilsten Abstiegs.

Beispiel 8.2.3: Das vereinfachte Newton-Verfahren divergiert, das Verfahren des steilsten Abstiegs ist sehr langsam. Das Newtonsche Einzelschrittverfahren läßt sich nicht benutzen, weil die partielle Ableitung von f_2 nach der zwei-

8 Nichtlineare Gleichungssysteme

ten Komponente, die in der Verfahrensvorschrift im Nenner steht, Null ist. Mit dem zweiten Startwert konvergiert auch das vereinfachte Newton-Verfahren.

Beispiel 8.2.4: Die Nullstellen liegen bei $(\pm 0.5, \pm\sqrt{1.5})$. Mit dem Startwert *(2., 2.)* konvergiert das Newtonsche Einzelschrittverfahren gegen die Lösung $(-0.5, \sqrt{1.5})$, mit dem Startwert *(0.5, 0.9)* pendelt es zwischen zwei Punkten, die in etwa bei *(0.44, 0.84)* und *(0.56, 0.91)* liegen, hin und her. Dies kann man beispielsweise mit der Wahl der X1- und X2-Intervallgrenzen von *[0.3, 0.7]* und *[0.7, 1.1]* nachvollziehen.

Das Newton-Verfahren konvergiert in beiden Fällen gegen $(0.5, \sqrt{1.5})$. So nahe man mit dem Startwert auch an die Lösung $(0.5, \sqrt{1.5})$ herangeht, die Iterationen des Newtonschen Einzelschrittverfahrens entfernen sich stets wieder, das Verfahren ist nicht einmal lokal konvergent.

Beispiel 8.2.5: Für den Quader $Q := \{(x_1, x_2) \mid 0.5 \leq x_1 \leq 1.5, 0.5 \leq x_1 \leq 1.5\}$ sind die Bedingungen des Banachschen Fixpunktsatzes erfüllt.

Mit der ∞-Norm für Vektoren und Matrizen folgt:

$$\|J_g(x)\|_\infty = \left\| \begin{pmatrix} 0.2\,x_1 & 0.2\,x_2 \\ 0.1\,x_2^2 + 0.1 & 0.2\,x_1 x_2 \end{pmatrix} \right\|_\infty =$$

$$= max\{0.2\,x_1 + 0.2\,x_2\,,\, 0.1\,x_2^2 + 0.1 + 0.2\,x_1 x_2\} = max\{0.6\,,\, 0.775\} = 0.775.$$

Für den angegebenen Startwert, der nicht in diesem Quader liegt, konvergiert das Einzelschrittverfahren, das Gesamtschrittverfahren hingegen nicht. In dem Falle, daß beide Verfahren konvergieren, sind vielfach keine gravierenden Unterschiede zwischen den Iterationsfolgen festzustellen.

In der Regel ist es offenkundig sehr schwierig, geeignete Iterationsfunktionen zu finden, mit denen man Konvergenz erhält. Auch der Konvergenznachweis mit dem Banachschen Fixpunktsatz ist nicht immer so leicht wie in diesem Beispiel.

Zusammenfassung: Falls sich die Berechnung der Jacobi-Matrix in jedem Schritt als zu aufwendig herausstellen sollte, müssen die Alternativen zum Newton-Verfahren gut abgewogen werden. Das Newtonsche Einzelschrittverfahren ist womöglich noch nicht einmal lokal konvergent, das vereinfachte Newton-Verfahren häufig divergent und das Verfahren des steilsten Abstiegs konvergiert in der Regel sehr langsam. Auch die Wahl einer Iterationsvorschrift, mit der das Einzel- und Gesamtschrittverfahren konvergieren, ist nicht immer einfach.

Sollte das Newton-Verfahren nicht konvergieren, so ist auf jeden Fall zunächst die Wahl des modifizierten Newton-Verfahrens oder des Gradientenverfahrens als Startmethode zu empfehlen. *Engeln-Müllges / Reutter [1987]* und *Beresin / Shidkow [1971]* geben an, daß in beiden Iterationsvorschriften im allgemeinen mit gröberen Ausgangslösungen gearbeitet werden kann als beim Newton-Verfahren.

Da in VISU aus Gründen der Speicherplatzersparnis nur maximal *300* Iterationsschritte möglich sind, kann bei der geringeren Konvergenzgeschwindigkeit des Gradientenverfahrens aus der Zeichnung vielfach nicht abgelesen werden, ob Konvergenz vorliegt oder nicht.

Literatur zum 8. Kapitel

Die wichtigsten Verfahren werden bei *Engeln-Müllges / Reutter [1987]*, *Schwarz [1985]* oder *Törnig [1979]* zusammengefaßt. Eine etwas detailliertere Darstellung ist bei *Stoer [1989]* zu finden. Über die Wahl von Schrittweitenstrategien, die eine globale Konvergenz bestimmter Verfahren garantieren können, informiere man sich bei *Ortega-Reinboldt [1979]* und *Mc Cormack [1984]*.

Symbolverzeichnis

$\Rightarrow$	*wenn-dann bzw. hat zur Folge*
$\Leftrightarrow$	*genau dann-wenn bzw. ist gleichbedeutend mit*
$:=$	*nach Definition gleich*
$<$	*kleiner*
$\leq$	*kleiner gleich*
$>$	*größer*
$\geq$	*größer gleich*
$\approx$	*ungefähr gleich*
$\{a_1, a_2, \ldots\}$	*Menge aus den Elementen $a_1, a_2, \ldots$*
$\{x \mid \ldots\}$	*Menge aller x, für die gilt*
$\in$	*Element von*
$\notin$	*nicht Element von*
$\subset$	*echt enthalten in oder echte Teilmenge von*
$\subseteq$	*enthalten in oder Teilmenge von*
$\mathbb{N}$	*Menge der natürlichen Zahlen*
$\mathbb{N}_0$	*Menge der natürlichen Zahlen einschließlich der Null*
$\mathbb{R}$	*Menge der reellen Zahlen*
$\mathbb{C}$	*Menge der komplexen Zahlen*
(a, b)	*offenes Intervall von a bis b, $a < b$*
$[a, b]$	*abgeschlossenes Intervall von a bis b, $a \leq b$*
$(a, b]$	*halboffenes Intervall von a bis b (links offen), $a < b$*
$[a, b)$	*halboffenes Intervall von a bis b (rechts offen), $a < b$*
Re z	*Realteil von z, $z \in \mathbb{C}$*
Im z	*Imaginärteil von z, $z \in \mathbb{C}$*
i	*imaginäre Einheit i mit $i^2 = -1$*
e	*Eulersche Zahl*
n!	*Fakultät mit $n! := 1 \cdot 2 \cdot 3 \cdot \ldots \cdot n, n \in \mathbb{N}, 0! = 1$*
$\binom{n}{k}$	$\binom{n}{k} := \dfrac{n(n-1)\ldots(n-k+1)}{k!}$, $k \in \mathbb{N}$, $\binom{n}{0} := 1$
$\displaystyle\prod_{i=1}^{n} a_i$	$= a_1 \cdot a_2 \cdot \ldots \cdot a_n$
$\displaystyle\sum_{i=1}^{n} a_i$	$= a_1 + a_2 + \ldots + a_n$
$\displaystyle\int_a^b$	*Integral in den Grenzen a und b*
$\lvert x \rvert$	*Betrag von x*

$\{a_n\}_{n \in \mathbb{N}}$	Folge der a_n
$\lim\limits_{n \to \infty} a_n$	Limes von a_n für $n \to \infty$
$f: D \to \mathbb{R}$	auf D definierte reellwertige Funktion f
f^{-1}	Umkehrfunktion zu f
$f', f'', \ldots, f^{(n)}$	erste, zweite, ..., n-te Ableitung von f
$C[a, b]$	Menge der auf $[a, b]$ stetigen Funktionen
$C^n[a, b]$	Menge der auf $[a, b]$ n-mal stetig-differenzierbaren Funktionen
$\max\{a_i \mid i = 1, \ldots, n\}$	Maximum aller a_i für $i = 1, \ldots, n$
$\min\{a_i \mid i = 1, \ldots, n\}$	Minimum aller a_i für $i = 1, \ldots, n$
$\mathbb{R}^n$	n-dimensionaler reeller euklidischer Raum
$\mathbf{x}, \mathbf{y}$	Vektoren
$\mathbf{0}$	Nullvektor
$\mathbf{A}, \mathbf{B}$	Matrizen
$(x_1, x_2, \ldots, x_n)$	Vektor in Komponentenschreibweise
$\|\mathbf{x}\|$	Norm eines Vektors $\mathbf{x}$
$\partial f / \partial x_i$	partielle Ableitung
$\nabla(\mathbf{x})$	Gradient eines Vektors $\mathbf{x}$
$\det(\mathbf{A})$	Determinante einer Matrix $\mathbf{A}$
$\mathbf{A}^{-1}$	Inverse einer Matrix $\mathbf{A}$
$\mathbf{x}^T$	transponierte Schreibweise eines Vektors
$x^{(j)}$	j-te Iterierte von x
$\mathbf{J}_f(\mathbf{x})$	Jacobi-Matrix von f

Programmverzeichnis

Durch das Installationsprogramm *INST.BAT* werden die auf der Diskette enthaltenen, speicherplatzreduzierten Programmfassungen in ihre ausführbare Version umgewandelt. Um die Menüsteuerung zu gewährleisten, erfolgt eine Übertragung der den Kapiteln zugeordneten Programme in getrennte Unterverzeichnisse.

Funktionen

FUNK4A.EXE	Kurve mehrerer Funktionen
FUN3DB.EXE	Kurve einer Funktion zweier Veränderlicher
FUNHLC.EXE	Höhenlinien einer Funktion zweier Veränderlicher

Unterverzeichnis: *FUNKTION*
Die Dateinamen der speicherplatzreduzierten Programmfassungen lauten: *FUA, FUB* und *FUC*.

Interpolation

INLAGA.EXE	Lagrangesche Darstellung des Interpolationspolynoms
INNEWB.EXE	Newtonsche Darstellung des Interpolationspolynoms
INSTUC.EXE	Stützstellenstrategien bei der Polynominterpolation
INFEHD.EXE	Fehlerfortpflanzung bei der Polynominterpolation
INVERE.EXE	Vergleich verschiedener Interpolationsverfahren
INMESF.EXE	Interpolation von Meßwerten
INPARG.EXE	Parameterdarstellung der Spline und Akima-Interpolierenden
INDIFH.EXE	Differentiation von Interpolierenden

Unterverzeichnis: *INPOL*
Dateinamen der speicherplatzreduzierten Fassungen: *INTA, INTB, INTC, INTD, INTE, INTF, INTG, INTH*.

Konstruktion mit Bézier-Polynomen

BECASA.EXE	Schema von de Casteljau
BEFUNB.EXE	Zusammengesetzte Bézier-Funktionen
BEKURC.EXE	Entwerfen mit Bézier-Kurven

Unterverzeichnis: *BEZIER*
Dateinamen der speicherplatzreduzierten Fassungen: *BEA, BEB, BEC*.

Ausgleichsrechnung

AUPOLA.EXE	Polynomausgleich

Unterverzeichnis: *AUSGL*
Dateiname der speicherplatzreduzierten Fassung: *AUA*

Chaos bei Differenzengleichungen

DIGLEA.EXE Zweidimensionale Differenzengleichungen

Unterverzeichnis: *DIGLEI*
Dateiname der speicherplatzreduzierten Fassung: *DIA*

Anfangswertaufgaben

ANLOSA.EXE	Lösungsschar einer Differentialgleichung
ANFUNB.EXE	Funktionsweise verschiedener Verfahren
ANSTAC.EXE	Stabilität der Einschrittverfahren
ANVERD.EXE	Vergleich der Verfahren
ANFANE.EXE	Abhängigkeit der Lösung von den Anfangswerten
ANF2DF.EXE	Zweidimensionale Anfangswertprobleme
ANF2DG.EXE	Einfluß der Anfangswerte bei zweidimensionalen Differentialgleichungen

Unterverzeichnis: *ANFANG*
Dateinamen der speicherplatzreduzierten Fassungen: *ANA*, *ANB*, *ANC*, *AND*, *ANE*, *ANF*, *ANG*.

Nullstellenprobleme

ITFUNA.EXE	Funktionsweise verschiedener Iterationsverfahren
ITFIXB.EXE	Fixpunktiteration und Steffensen-Verfahren

Unterverzeichnis: *ITERA*
Dateinamen der speicherplatzreduzierten Fassungen: *ITA*, *ITB*.

Nichtlineare Gleichungssysteme

NISTEA.EXE	Modifiziertes Newton-Verfahren / Verfahren des steilsten Abstiegs im Höhenliniendiagramm
NILINB.EXE	Iterationsfolge verschiedener Verfahren im Vergleich

Unterverzeichnis: *NILIGLEI*
Dateinamen der speicherplatzreduzierten Fassungen: *NIA*, *NIB*.

Weitere Programme und Dateien

INST.BAT	Installationsprogramm für VISU
VISU.COM	VISU-Menüsteuerungsprogramm
HGBIOS.COM	Initialisierungsprogramm für die *HERCULES*-Karte
VIDEOSEQ.COL	Datei der Videosequenzen für Farbgrafik
VIDEOSEQ.MON	Datei der Videosequenzen für Monochrom-Grafik

Programmverzeichnis 171

	Während der Installation wird die gewünschte Datei in *VIDEOSEQ* umbenannt.
DEPACK.COM	Umwandlungsroutine für speicherplatzreduzierte VISU-Programme
INDEX	Kapitelüberschriftendatei des Menüs
FUNEX	Programmüberschriftendatei zu Kapitel 1
INPEX	Programmüberschriftendatei zu Kapitel 2
BEZEX	Programmüberschriftendatei zu Kapitel 3
AUSEX	Programmüberschriftendatei zu Kapitel 4
DIGEX	Programmüberschriftendatei zu Kapitel 5
ANFEX	Programmüberschriftendatei zu Kapitel 6
ITEEX	Programmüberschriftendatei zu Kapitel 7
NILEX	Programmüberschriftendatei zu Kapitel 8

Sämtliche Programmüberschriftendateien werden während der Installation in das zugehörige Unterverzeichnis übertragen und jeweils in *INDEX* umbenannt.

Literaturverzeichnis

Akima, H.: A New Method of Interpolation and Smooth Curve Fitting Based on Local Procedures, in: Journal of Association for Computing Machinery, Vol. 17, No. 4 (Okt. 70), S. 589-602.

Althaus, D.; Wortmann, F. X.: Stuttgarter Profilkatalog I, Vieweg, Braunschweig, 1981.

Arbenz, K.; Wohlhauser, A.: Numerische Mathematik für Ingenieure, Oldenbourg, München, 1982.

Beau, W.; Metzler, W.; Überla, A.: The route to chaos of two coupled logistic maps, Interdisziplinäre Arbeitsgruppe Mathematisierung, Fachbereich Mathematik, Universität Kassel.

Becker, J.; Dreyer, H.-J.; Haacke, W.; Nabert, R.: Numerische Mathematik für Ingenieure, Teubner, Stuttgart, 1977.

Beresin, I. S.;Shidkow, N. P.: Numerische Methoden 2, VEB Deutscher Verlag der Wissenschaften, Berlin 1971

Björck, A.; Dahlquist, G.: Numerische Methoden, Oldenbourg, München, 1972.

Böhm, W.; Gose, G.; Kahmann, J.: Methoden der Numerischen Mathematik, Vieweg, Braunschweig, 1985.

Boor, C. de: On Calculating with B-Splines, J. Approx. Theory 6 / 50 - 62, 1972.

Boor, C. de: A Practical Guide to Splines, Springer 1978.

Boyce, W. E.; Di Prima, R. C.: Elementary differential equations and boundary value problems, John Wiley, New York, 1977.

Braun, M.: Differentialgleichungen und ihre Anwendungen, Springer, Berlin, 1979.

Bronstein, I. N.; Semendjajew, K. A.: Taschenbuch der Mathematik, 24. Auflage, Verlag Harri Deutsch, Frankfurt 1989.

Brosowski, B.; Kreß, R.: Einführung in die Numerische Mathematik II, BI-Hochschultaschenbuch, Mannheim, 1976.

Bulirsch, R; Stoer, J: Einführung in die Numerische Mathematik II , Springer, Berlin, Heidelberg, 1978.

Collatz, L. : Differentialgleichungen, Teubner, Stuttgart 1970.

Demana, F.; Waits, B.: Problem Solving Using Microcomputers, in: Coll. Math. J. 18 (1987), S. 239 - 243.

Devaney, R. L.: An introduction to chaotic dynamical systems, Benjamin-Cummings: Menlo Park, CA., 1985.

Literaturverzeichnis

Engeln-Müllges, G.; Reutter, F.: Numerische Mathematik für Ingenieure, BI-Hochschultaschenbuch, 5. Auflage, Mannheim 1987.

Engeln-Müllges, G.; Reutter, F.: Formelsammlung zur Numerischen Mathematik, BI-Hochschultaschenbuch, 5.Auflage, Mannheim 1988.

Farin, G.: Curves and Surfaces for Computer Aided Geometric Design, Academic Press, 1988.

Frantz, M. E.: Interactive Graphics for Multivariable Calculus, in: Coll. Math. J. 17 (2), S. 172 - 181.

Grieger, Ingolf: Graphische Datenverarbeitung, Mathematische Methoden, Springer, Berlin, Heidelberg, 1987.

Grigorieff, R. D.: Numerik gewöhnlicher Differentialgleichungen, Teubner, Stuttgart, 1972.

Guckenheimer, J.; Holmes, P. J.: Nonlinear oscillations, dynamical systems and bifurcation of vector fields, Springer, New York, 1983.

Hämmerlin, G.; Hoffmann, K.-H.:Numerische Mathematik, Springer, Berlin, Heidelberg 1989.

Henrici, P.: Elemente der numerischen Analysis, Bd. 1 und 2, BI-Hochschultaschenbuch, Mannheim 1972.

Heuser, H.: Gewöhnliche Differentialgleichungen, Teubner, Stuttgart 1989.

Hirsch, M.; Smale, S.: Differential equations, dynamical systems and linear algebra, Academic-Press, New York, 1974.

Kamke, E.: Differentialgleichungen, Lösungsmethoden und Lösungen, Teubner, Stuttgart, 1977.

Koçak, H.: Differential and Difference Equations through Computer Experiments, Springer, New York, 1986.

Kunick, A.; Steeb, W. H.: Chaos in dynamischen Systemen, BI-Hochschultaschenbuch, Mannheim, 1986.

Luther, W.; Niederdrenk, K.; Reutter, F.; Yserentant, H.: Gewöhnliche Differentialgleichungen, Vieweg, Braunschweig 1987.

Li, T. Y.; Yorke, J. A: Period Three Implies Chaos, American Math. Monthly 82 , 1975, S. 985-992.

Lorenz, E.: Deterministic Nonperiodic Flow, Journal of the Atmospheric Sciences Vol. 20, S. 130 - 141, 1963.

McCormick, G. P.: Nonlinear Programming, John Wiley, New York 1983.

Maess, G.: Vorlesungen über numerische Mathematik - II. Analysis, Birkhäuser, Basel, 1988.

May, R. M.: Simple mathematical models with very complicated dynamics, in: Nature 261 / 1976a, S. 459 - 466.

May, R. M.: Models for Two Interacting Populations, in: May, R. M. (Hg): Theoretical Ecology, Blackwell Scientific Publications, Oxford 1976b.

Maynard Smith, J.: Mathematical ideas in biology, Cambridge University Press: London, New York, 1968.

Metzler, W.; Beau, W.; Überla, A.: Anschaulichkeit bei der Modellierung und Simulation dynamischer Systeme, in: Kautschitsch, Metzler (Hg.): Anschauung als Anregung zum mathematischen Tun, 3. Workshop zur "Visualisierung in der Mathematik" in Klagenfurt im Juli 1983.

Mortensen, M. E.: Geometric Modelling, John Wiley, New York, 1985.

Natanson, I. P.: Konstruktive Funktionentheorie, Akademie-Verlag, Berlin 1955.

Niederdrenk, K.; Yserentant, H.: Funktionen einer Veränderlichen, Vieweg, Braunschweig, 1987.

Ortega, J. M., Rheinboldt, W. C.: Iterative Solution of Nonlinear Equations in Several Variables, Academic Press, New York 1970.

Peitgen, H. O.; Richter, P. H.: Harmonie in Chaos und Kosmos, Bilder aus der Theorie dynamischer Systeme, Universität Bremen, 1984.

Peitgen, H. O.; Richter, P. H.: The Beauty of Fractals, Springer, Berlin, Heidelberg, 1986.

Purcell , E.; Varberg,D.: Calculus with Analytical Geometry, 5. Auflage , Prentice Hall, 1987.

Riegels, Friedrich W.: Aerodynamische Profile, Oldenbourg, München, 1958.

Rösingh / Berghuis: Mathematische Schiffsformen. HANSA-Schiffahrt, Schiffbau, Hafen 98 (1961), S. 2409 - 2412.

Runge, C: Über empirische Funktionen und die Interpolation zwischen äquidistanten Ordinaten, Zeitschrift für Math. und Physik 46, S. 224 .243, 1901.

Schaper, R.: Überraschungen bei der Erstellung von Computergrafik, in: Kautschitsch, H.; Metzler, W.: Medien zur Veranschaulichung von Mathematik - 5. und 6. Workshop zur "Visualisierung in der Mathematik" in Klagenfurt im Juli 1985 und 1986, S. 258 ff..

Schmeißer, G.; Schirmeier, H.: Praktische Mathematik, de Gruyter, Berlin, 1976.

Schuster, H. G.: Deterministic Chaos, VCH, Weinheim 1988.

Schwarz, H. R.: Numerische Mathematik, Teubner, Stuttgart, 1986.

Späth, H: Spline-Algorithmen zur Konstruktion glatter Kurven und Flächen, Oldenbourg, München 1973.

Stoer, Josef: Einführung in die Numerische Mathematik I , Springer, Berlin, Heidelberg, 1979.

Thompson, J. M. T., Stewart, H. B.: Nonlinear Dynamics and Chaos, John Wiley, New York, 1986.

Törnig, W.: Numerische Mathematik für Ingenieure und Physiker, Bd. 1, Springer, Berlin, Heidelberg, New York 1979.

Werner, H.; Schaback, R.: Praktische Mathematik II, Springer, Berlin, Heidelberg, 1979.

Sachwortverzeichnis

Ableitung, partielle 30
Abstiegsrichtung 152
Achsenbegrenzung 15 f.
Achsenbeschriftung 19, 27
Achsenlänge 17
Adams-Bashforth-Verfahren 96 ff., 102
Adams-Moulton-Verfahren 102
Aitken-Neville-Formeln 59
Aitkens Δ^2-Prozeß 141 f.
Akima-Interpolation 44 ff., 57 ff., 68 ff.
- Berechnung 48
- Parameterdarstellung 62, 69
Anfangswertaufgaben 99ff.
Ansatzfunktion 86
a-posteriori-Fehlerabschätzung 91 f., 132
a-priori-Fehlerabschätzung 91 f., 132
Armijo-Schrittweite 154
Attraktor, seltsamer 92 ff., 123
Ausgleichsrechnung 86 ff.
Auswertungen 16, 20 ff.
Autodesign 81 f., 85

Banachscher Fixpunktsatz 90 ff., 132, 142 ff., 147
Banane 31
Bernstein, S. N. 65
Bernstein-Polynome 28, 71 f.
Bernoulli-Differentialgleichung 106
Bézier, P. 71
Bézier-Funktion 73 ff., 79 ff., 83 f.
Bézier-Koeffizient 72
Bézier-Kurve 76, 82, 84
Bézier-Polygon 72
Bézier-Polynom 28, 71 ff.
Bézier-Punkt 76, 82
Bifurkation 123, 128, 144 ff., 148
Bildschirm / Sichtgerät 10 ff., 17

Binomischer Lehrsatz 71
Bisektionsverfahren 130, 133
B-Splines 79 ff., 84
- kubische 79 ff., 84
- lineare 81, 84
- quadratische 81, 84

de Casteljau, P. 71
de Casteljau, Schema von 73, 77 ff.
Chaos 92 ff., 140, 144 ff., 148

Differentialgleichung, erster Ordnung 99
-, gewöhnliche 99
-, höherer Ordnung 99
Differentiation, numerische 37 f.
Differenzen, dividierte 35
Differenzengleichungen 90 ff., 144 ff.
Differenzenquotient, rückwärtsgenommener 38, 57
-, vorwärtsgenommener 38, 57
-, zentraler 37, 59, 64
Differenzenschema 35
Diskretisierungsfehler, globaler 103, 107, 109 f., 114, 116 f., 124, 126
-, lokaler 103, 107, 109 f., 124, 126
Dreiecksungleichung 24
Drucken 18
Druckeranschluß 10

Eiffel-Turm von Kassel 96, 98
Eingabe-Syntax 14 f.
Einschrittverfahren 103
Einzelschrittverfahren 151, 156, 160 ff
-, Konvergenz 104
-, Konsistenz 103 f.
-, Stabilität 111 f., 114, 124 ff.
Euler- (Cauchy)-Verfahren 101, 104, 107 ff.
-, implizites 101, 111 f., 125

Sachwortverzeichnis

-, verbessertes 101, 104, 107 ff.
Extrapolation 55, 58 f., 67
Extremwerte 30

Faber, Satz von 66
Farbwahl 17
Festplatte 9, 12
Fixpunkt 90 ff., 132 ff., 140 ff.
-, stabiler 90
-, instabiler 90
Fixpunktiteration 132 ff., 140 ff.
Funktionsinterpreter 24

Gaußsche Methode der kleinsten Quadrate 86 ff.
Genauigkeit, asymptotische 64
Gesamtschrittverfahren 150 f., 160 ff.
Gingerman-Gleichung 95 f.
Gleichgewichtspunkt 118
Gleichungssysteme, lineare 41, 43, 151, 156
-, nichtlineare 150 ff.
Gradientenverfahren 154
Grafik-Karte 9 ff.
Grafikoptionen 16 f.
Grafiktext 18
Gragg-Bulirsch-Stoer-Verfahren 102 ff., 107 ff.
Grenzwertbestimmung 26

Henon-Attraktor 95, 98
Hermite-Interpolation 45
Heun-Verfahren 101 f., 104, 113, 122 f.
Hilfe-Taste 16
Höhenlinienbeschriftung 19
Höhenliniendiagramm 31, 157 ff.
Hopf-Bifurkation 123, 128
Hundesattel 30

Instabilität, inhärente 115 f., 127
Interpolation 33 ff.
-, durch periodische Funktionen 55, 67
-, durch rationale Funktionen 55, 67
-, Existenz, Eindeutigkeit 33 f.
-, von Meßwerten 60 f., 69
Interpolationspolynome 33 ff., 49 ff., 64 ff.
-, Anwendung 36
-, Fehler 28, 36, 54, 66 f.
-, Fehlerfortpflanzung 56
-, Konvergenz 55, 65 ff.
-, Lagrangesche Darstellung 34, 49 f
-, Newtonsche Darstellung 34 f., 51 f.
Installation 11 f.
Intervallschachtelungsverfahren 130 f., 135
Iterationsfunktion 132, 142 f., 163

Jacobi-Matrix 91

Knotenpunkt 105
Konsistenz 103 f.
Konsistenzordnung 104
Konvergenz, gleichmäßige 27, 65
-, globale 155
-, lineare 133, 156
-, lokale 151, 155
-, oszillierende 140
-, punktweise 27
-, quadratische 134
-, superlineare 133
-, treppenförmige 143
Konvergenzordnung 133 f., 155 f.
Ko-Prozessor, mathematischer 9
Korrekturen 13 f.
kritischer Punkt 118
Kurvendiskussion 29 f.
Kurvenschnittpunkt 27

LCD-Projektion 7, 17
Lienard-Differentialgleichung 123, 128

Lipschitz-Bedingung 100
Lösungsschar einer Differentialgleichung 99
Lotka-Volterra-Differentialgleichung 122 f., 128
LR-Zerlegung 41

Marcinkiewicz, Satz von 65 f.
Matrixnorm 24 f., 91
Mehrschrittverfahren 96, 102 f.
Menüsteuerung 13
Minimumschrittweite 154
Mittelpunktregel 102

Newton-Verfahren 131, 134 ff., 138 f., 147, 152 f., 156 ff.
 modifiziertes 131, 134 ff., 139, 147, 152 f., 156 ff.
-, vereinfachtes 131, 134 ff., 139, 151, 156, 160 ff.
Newtonsches Einzelschrittverfahren 155 f, 160 ff
Normalgleichungen 87
Nullstellen, mehrfache 131, 134, 139, 147
Nullstellenbestimmung 27
Nullstellenprobleme 130 ff.
Nullteilung 19, 27
Nyström-Verfahren 102

OH-Folien 7, 18
Orbit 90, 92 ff., 140, 144 ff.
Oszillator 121
Overflow 19

Peano, Satz von 100
Pendel, mathematisches 121
Phasenkurve 118
Picard-Lindelöf, Satz von 100
Plotteranschluß 9 f., 17
Plotten 17, 18
Plottgeschwindigkeit 18
Polynomausgleich 86 ff.

van der Polsche Differentialgleichung 120, 123, 128
Positionswechsel 13 f.
Programmaufruf 12
Programmsteuerung 13
Projektion, 3-D 29 f.
Pseudonullstellen 27 f.

Räuber-Beute-System 95, 98, 119, 122, 128
Rechengenauigkeit 19
Rechnerausstattung 9
Regula falsi 130 f., 134, 136 f.
Repeller 90, 144
Romberg-Extrapolation 58 ff., 70
Rundungsfehler 28, 66, 68, 89, 112, 115, 126, 127
Runge, C. 65
Runge-Kutta-Verfahren 102, 104, 107 ff.

Sattelpunkt 105
Schiffskonstruktion 60 f.
Schrittweite 152
-, exakte 154
Schrittweitenstrategie 155
Segment 73
Sekantenverfahren 131, 134 ff., 147
Sichtgerät / Bildschirm 10 ff., 17
Singularitäten 65
Spaltensummennorm 25
Spanten 44, 60
Spiralen 94
Spline-Interpolation 38 ff., 57 ff., 68 ff., 74 ff., 79, 83
-, Anwendung 43
-, Berechnungsvorschrift 41
-, kubische 38 ff., 57 ff., 68 ff., 74 ff., 79, 83
-, lineare 38, 45, 69
-, mit fester Ableitung an den Intervallenden 39, 41 f., 57 ff., 68 ff.
-, Parameterdarstellung 44, 62 f., 69

Sachwortverzeichnis

-, periodische 39, 70, 76, 79, 83
-, quadratische 42 f., 57, 70
-, Spline A 39
-, Spline B 39
Stabilität, asymptotische 90
Stabilitätsbereich 111 f., 125
Standardbeispiel 16, 23
steife Differentialgleichung 112, 119, 128
Steffensen-Verfahren 133 ff., 140 ff., 148
Stern 106
Strichlierungen 17 f.
Stringer 61
Stützpunkte 33
Stützstellen 33
-, äquidistante 28, 36, 53 ff, 65 ff.
-, Tschebyscheffsche 28, 36, 53 ff., 65 ff
Stützstellenstrategie 35, 53 ff., 57
Stützwerte 33

Suchrichtung

Taylor-Entwicklung 37
Tragflügelprofil 62 f.
Trajektorie 118
Trapezmethode 101 f., 104, 113 ff., 126 f.
Trennstelle 73

Updating 135, 156

Vektornorm 24 f., 29, 32, 91, 100, 104, 152
Verfahren des steilsten Abstiegs 154 ff.
Volterra-Schale 123

Wirbelpunkt 105

Zeilensummennorm 25
Zooming 20, 26 f.

Diskettenaustausch

Sollten Sie keine Möglichkeit haben, die dem Buch beiliegenden HD-Disketten (für IBM PC/AT) mit 1.2 MB Speicherplatz (Double Sided/High Density/Double Track) auf Disketten mit weniger Speicherplatz (für IBM PC/XT) umzukopieren, kann der Verlag Vieweg Ihnen ausnahmsweise sowohl gegen eine Gebühr von 29,80 DM als auch Einsendung der Originaldisketten aus dem Buch „Numerik-Praktikum mit VISU" alle Programme auf Disketten mit einem Speicherplatz von 360 KB (Double Sided/Double Density) umtauschen:

- ☐ 1 Diskettenset mit 10 Disketten zum Preis von DM 29,80 „Numerik-Praktikum mit VISU" für IBM PC/XT mit 360 KB Speicherplatz (DS/DD)
- ☐ Die HD-Disketten (DS/HD/DT) für IBM PC/AT anbei
- ☐ Vermerken Sie bitte: Diskettenservice „VISU"

Friedr. Vieweg & Sohn
Verlagsgesellschaft mbH
Postfach 5829

D-6200 Wiesbaden